史上最精華
咖啡學

瑞昇文化

Contents

從各種不同觀點研究咖啡叫做「咖啡學」...006

咖啡的農學 · 栽培與化學...009

日常喝的咖啡其原料是什麼植物？...010

咖啡到底出產於什麼樣的國家呢？...014

咖啡豆直至完成要經過哪些工序呢？...018

飲用的咖啡中包含哪些品種？...022

咖啡的品質管理標準學...027

咖啡豆的品質會因為收穫時期而產生差異嗎？...028

生豆品質會受到哪些方面的影響呢？...032

如何對咖啡豆劃分等級、進行評價？...034

咖啡的穩定供給及價格方面有相關研究嗎？...040

咖啡與政治 · 貿易 · 經濟、物流學...045

咖啡會對政治、社會造成影響嗎？...046

在決定咖啡豆價格方面，國際上有固定規則嗎？...050

世界咖啡生產和消費現在處於什麼狀態呢？...054

在咖啡流通方面有沒有新的政策？...058

史上最精華
咖啡學

第④章
咖啡烘焙・研磨的加工學…063

咖啡豆為何要進行烘焙呢？…064

烘焙和風味之間有著什麼樣的關係呢？…068

烘焙會對咖啡豆成分產生怎樣的影響？…072

烘焙後的咖啡豆為何要研磨呢？…076

第⑤章
萃取咖啡的科學…081

咖啡成分是怎樣萃取出來的？…082

萃取方法和選用工具上有什麼需要注意的嗎？…086

在滴漏式萃取中在哪些方面比較重要？…090

請稍述咖啡的萃取工具和相應的特徵 …094

第⑥章
咖啡味道和風味的理學與科學…099

究竟是什麼在影響咖啡豆的香氣和風味呢？…100

咖啡風味如何感知？…104

咖啡為何要拼配呢？…108

SCAA咖啡評價的標準是什麼？…112

Contents

咖啡的歷史和文化人類學…117

咖啡的飲用和栽培大概是從什麼時期開始？又如何擴展開的呢？…118

咖啡屋最初出現在哪個國家？…122

各國咖啡館的歷史發展？…126

與咖啡有著緊密關係的傳統及藝術有哪些？…130

咖啡的嗜好與流行學…135

咖啡被稱為嗜好品的理由是什麼？…136

西雅圖系咖啡是怎樣一種咖啡？…140

人們是如何品味不同咖啡的味覺、風味的呢？…144

與咖啡相關的資格認證有哪些？…148

咖啡與市場學…153

世界咖啡市場有什麼變化嗎？…154

日本的咖啡市場現在的發展如何？…158

哪些咖啡是人氣咖啡？…162

在日本國內的咖啡市場中，有地域性特徵嗎？…166

 第**10**章
裝入容器的咖啡飲料與即溶咖啡學…171

裝入容器的咖啡飲料是怎麼回事？…172

罐裝咖啡的類別名稱（品名）是什麼？…176

即溶咖啡是如何製造出來的？…180

即溶咖啡的進出口情況如何？…184

第**11**章
咖啡與健康醫學‧藥學…189

近幾年作為嗜好品的咖啡受到了怎樣的關注呢？…190

咖啡豆裡的成分與健康是什麼樣的關係？…194

咖啡可以說對身體和精神方面有益嗎？…198

咖啡會因為烘焙機器的不同導致風味相異嗎？…202

參考文獻‧參考資料…206

附錄 最新咖啡用語…209

附錄 以猜謎形式享受咖啡雜學30問…221

本書編者介紹…242

讓我們通過咖啡學享受更好的咖啡吧～作為後記…243

從各種不同觀點研究咖啡
叫做「咖啡學」

　　這是一本「咖啡學」的入門書，為實現輕鬆學習，我們以一問一答的方式對咖啡知識進行了總梳理。

　　「咖啡學」最初是金澤大學名譽教授廣瀨幸雄先生為了讓大家能夠站在全球的觀點上，文理兼修地從咖啡這種身邊常見飲品中，整理可以學習到的相關知識，而別出心裁獨創出一門科學領域。廣瀨教授為深化咖啡方面知識，遊走於全世界咖啡產地，過程中發想如果能夠通過以咖啡為題材的課程，實現大家多方位角度的學習和對自然科學的理解，就可以開拓人們對咖啡的興趣與關心，更能夠對增進理解科學技術做出一定貢獻，因此他一直致力於新型課程的開發。

　　廣瀨教授從各個不同觀點反復鑽研琢磨後形成了文理融合的咖啡相關課程，在金澤大學中進行教授，後來發展為全國大學聯合咖啡學特別公開講座，與右圖所示的「咖啡學」的確立相輔相成，向大家傳授咖啡學問的廣度和深奧之處。

　　本書涵蓋廣瀨教授作為首席教授自1997年開始進行的32堂課程內容，其基礎課程「咖啡的世界」受日本文部科學省認可，便以此課程為基準，探討「咖啡學」涉及以下多個面向的知識內容。

　　總歸而論，因為咖啡本是可以從多方面觀點深入探索的重要農作物和商品。

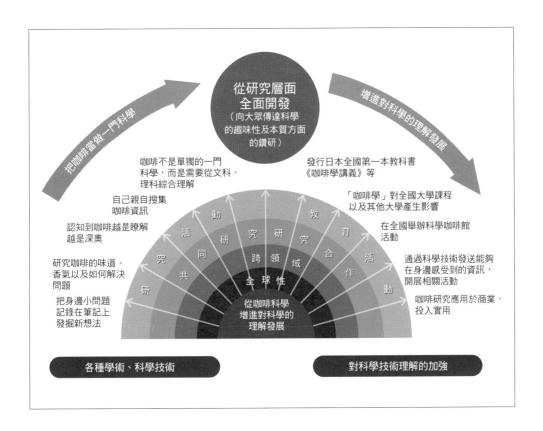

- 作為農作物來看,可以從**農學、栽培學**來對咖啡進行研究。
- 作為重要的出口商品,在生產國家從**品質管理標準**方面對咖啡進行研究。
- 作為進出口量大的商品,咖啡也有對**政治、貿易、經濟**產生影響的一面。
- 將收穫的咖啡做成商品的**烘焙、加工**過程中,也有很多值得研究的地方。
- 把咖啡做成飲品**萃取**的過程中,也包含對咖啡機改良等的研究。
- 由於咖啡是在全世界深受喜愛的飲品之一,因此**口味、風味**方面的科學在各地會有很大差異。

●咖啡被廣泛飲用已有400年的歷史，與咖啡相關的**歷史和文化**極其深厚，這也是咖啡作為嗜好品的一大魅力。

●在現代社會，作為便利商店和咖啡店的招牌商品而佔有一席之地的咖啡，不僅要重視咖啡風味和香氣，同時也不能忽視與**嗜好、流行元素**之間的關係。

●咖啡會對生活方式產生重大影響，因此**商務、市場**等方面的觀點也是不可欠缺的。

●**即溶咖啡、罐裝咖啡**的消費量龐大，無法將其排除於「咖啡學」討論的領域之外。

●另外，**咖啡健康學**這一方面的研究近幾年突飛猛進，咖啡成為關注度越來越高的飲品之一。

　　我們聘請了以上列舉的咖啡各個方面專家，在金澤大學以及在全國大學聯合咖啡學特別公開講座上進行授課。

　　本書以這些課程內容為基礎，按照不同領域劃分章節。書中雖然包含有非常專業的內容，但大多以選擇題的形式出現，以方便大家閱讀且更加容易地理解咖啡相關的各領域基礎知識。本書既是咖啡學入門教科書，又是咖啡學檢定初級考試資料。

　　就像是越喝咖啡越會被其魅力迷倒一樣，咖啡學也會越學越開心。

　　不要把咖啡單純作為日常飲品，而是要從各個不同角度、多樣化的領域來理解對待咖啡，我們真誠期待對咖啡產生新的興趣與關心的人越來越多。

　　也堅信由此「咖啡學」內容會變得更加充實，涵蓋範圍會更加廣泛。

所有撰稿人

第①章
咖啡的農學・栽培與化學

第 **1** 章
咖啡的農學‧栽培與化學

日常喝的咖啡其原料是什麼植物？

 咖啡的原料是咖啡豆，應該是豆類植物吧？

 這個問題很容易誤解，咖啡其實是**茜草科**的常綠植物。

 **問題 01** 從右側一頁①～⑦的選項中選擇填入A～G
的括弧中。

　　咖啡的原料是學名叫做（A　　　）的果實的種子。咖啡樹是（B　　　）科的常綠植物，能夠生長到6～8m高。原產地為（C　　　），非洲、馬達加斯加島以及馬斯克林群島等為咖啡野生地，經雜交等改良後現存（D　　　）種以上。

　　咖啡播種後3年左右會在深綠色的兩葉之間綻開（E　　　）色的花。然後會結成（F　　　）色的果實，開花後6～8個月慢慢成熟變成（G　　　）色。

A的圖片

咖啡莊園（巴西、熱帶大草原）

問題 **01** 的選項

①衣索比亞（現非洲地區咖啡生產量第一位）

②綠（咖啡生豆，綠咖啡）

③白（有茉莉花一樣的甜香味）

④茜草（梔子也屬於茜草科）

⑤紅（也有一部分成熟後變成黃色）

⑥100（作為飲品飲用的大約有60種左右）

⑦咖啡樹（學名Coffea）

F的圖片

E的圖片

問題 **01** 答案

A-⑦　B-④　C-①　D-⑥　E-③　F-②　G-⑤

 問題 **02** 從右側一頁①～⑦的選項中選擇填入A～G
的括弧中。

　　咖啡成熟的果實,因其顏色和形狀被稱作(A　　)。果實如下圖所示,外層覆蓋一層
鮮紅色外皮,內側有果醬狀的(B　　),其內部有稱作(C　　)的內果皮,再往裡則為
稱做(D　　)的銀皮。

　　咖啡豆(種子)是綠色的(E　　),一般情況下為兩顆相向而生,這種現象稱作
(F　　),但也有單獨結出一顆種子的情況,這種現象叫做(G　　)。

咖啡果實剖面圖

種子(咖啡豆)

外皮

| B | (果肉與黏漿狀物質) |

| C | (保護胚乳的硬殼) |

| D | (內果皮和胚乳之間薄薄的種皮) |

中央線(胚乳的裂痕)

胚乳

A的圖片

問題 **02** 的選項

①生豆（因為呈現綠色，所以生豆也會被稱作Green）

②內果皮（Parchment。咖啡果實中的種皮。用大米來理解的話就是糙米狀態）

③果肉（漿狀物質。有些國家把取出種子後的果肉用作田間肥料）

④公豆（也叫圓豆，Peaberry。這種豆不僅產量小，而且易烘焙，具有獨特的風味，比較珍貴）

⑤平豆（Fat Beans。通常情況下，咖啡果實中種子一般為兩顆一組）

⑥咖啡漿果（因為是紅色果實，因此也可單純叫做「漿果（Cherry）」）

⑦銀皮（Silver Skin，去除果肉取出種子時，上面敷的一層薄種皮）

F的圖片

G的圖片

問題 **02** 答案

A-⑥　B-③　C-②　D-⑦　E-①　F⑤　G-④

咖啡到底出產於什麼樣的國家呢?

 沒有聽說過國產咖啡,世界上的**咖啡生產國**是固定的嗎?

 咖啡生產國主要集中在巴西、哥倫比亞等**橫跨赤道的區域**。

 問題 **03** 從右側一頁①~⑦的選項中選擇填入A~G 的括弧中。

　　適宜栽培咖啡樹的地區常被稱作(A　　),主要是集中在橫跨赤道、南北回歸線(B　　)度以內的熱帶地區(有小部分在亞熱帶地區),呈帶狀分佈。咖啡生產國在全世界約有(C　　)個國家。但並非所有處在這一帶的地區都適宜咖啡生長,必須滿足適宜栽培的氣候條件,擁有富含有機物的土壤,給水、排水狀況良好等諸多條件。在這一生產地帶,適宜栽培咖啡的氣候條件若總結為3句話來說,就是「一年四季及晝夜有適宜的(D　　)」,「平均氣溫在(E　　)℃左右」,「年降水量平均在(F　　)mm以上」。另外,栽培過程中需要有乾季和濕季,需要有充分的光照,但為了讓樹木周圍的地面冷卻,而有必要栽種(G　　)以發揮一定的遮陽效果。

咖啡栽培地區(巴西、熱帶大草原)

問題 **03** 的選項

①Shade Tree（也叫遮陰樹，可以栽種香蕉、玉米、芒果等作為遮陰樹）

②20（據說為18～25℃）

③1500（據說為1200～1600mm）

④70（中南美國家占60%，非洲、中東地區占30%，亞洲國家占10%）

⑤25（據說生產可可的地區在南北緯20度以內的熱帶地區）

⑥咖啡帶（也稱作咖啡區域，Coffee Zone）

⑦溫差（據說能夠讓咖啡豆肉質緊緻、擁有良好特質）

A的圖片

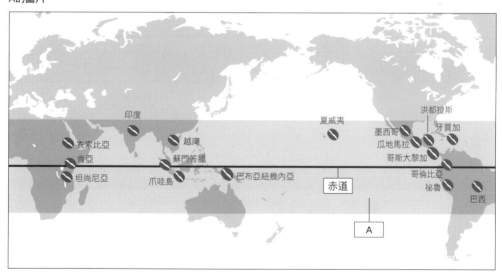

問題 **03** 答案

A-⑥　B-⑤　C-④　D-⑦　E-②　F-③　G-①

從右側一頁①～⑧的選項中選擇填入A～H的括弧中。

如果列舉世界咖啡產地所產出的咖啡品種特徵,可以按照下圖所示整理。

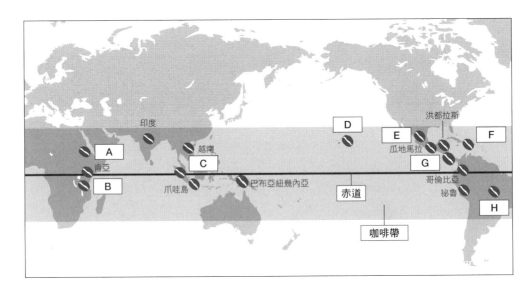

品種	特徵
A	得名於咖啡豆裝運港,味道與香氣以其原產地獨特的野性味道為特徵
B	名字源自於「閃閃發光的山」,其特徵是酸味十足、香氣甘美、口味上乘
C	因引進該品種種植的當地民族名字而得名,擁有獨特的苦味和風味,韻味深長口感細膩
D	源於該島西側地區的名稱,擁有迷人而豐富的酸度以及甜香味
E	源自古瑪雅語中代表「長春」意思的國名,氣味香甜,酸度優雅,富有獨特的醇香
F	只在山地特定地區生產的品種,酸度、甜味搭配協調,風味、香氣佳
G	用溫和的方式稱呼國名而得名,擁有甜香味和柔和的酸度,口感醇厚
H	得名於咖啡豆裝運港,酸味柔和,香氣無雜味

問題 04 的選項

①曼特寧咖啡（印尼生產的代表品種，產自蘇門答臘島）

②哥倫比亞咖啡（大果咖啡代表，因為正位於赤道上，因此一年可以採摘兩季）

③夏威夷科納咖啡（美國唯一生產的咖啡。產於夏威夷島）

④藍山咖啡（產自牙買加島藍山地區的咖啡品種）

⑤巴西聖多斯咖啡（常作為拼配咖啡的基本，是一種比較大眾的品種）

⑥摩卡咖啡（衣索比亞生產的稱作摩卡哈拉爾，葉門生產的稱作摩卡瑪妲莉）

⑦吉力馬札羅咖啡（非洲咖啡的代表品種之一，產於坦尚尼亞）

⑧瓜地馬拉咖啡（已登入聯合國教科文組織世界遺產中，安提瓜地區生產的品種）

咖啡名字到底是怎樣取出來的呢？

咖啡的命名，傳統意義上一般如下所示：

・源自出產國的名字（哥倫比亞、肯亞等）

・源自生產地區和莊園的名字（科納、爪哇等）

・源於出貨港口的名字（摩卡、聖多斯等）

・源於生產國山脈的名字（吉力馬札羅、藍山等）

近些年，為了把高品質的咖啡作為賣點進行差異化行銷，冠以特定莊園名稱的咖啡豆在市場不斷增多。

問題 04 答案

A-⑥　B-⑦　C-①　D-③　E-⑧　F-④　G-②　H-⑤

咖啡豆直至完成要經過哪些工序呢？

 我們在咖啡店和商店中買到的咖啡豆究竟是怎麼做出來的呢？

 要經過**栽培**、**收穫**、**精製**、**挑選**等種種工序最終才能到達我們手中。

問題 05 從右側一頁①～⑦的選項中選擇填入A～G的括弧中。

　　咖啡並非是生豆播種，而是去除掉外部果肉的（A　　　）狀態進行播種，大約過2個月左右發芽。然後成長後的（B　　　）會移植到農場。咖啡樹約三年長成，在乾燥期的雨後會（C　　　）。花落之後，若干天後結出的綠色果實再經歷6～8個月（D　　　）。即便是同一枝頭的果實成熟度也會有差異，（E　　　）一般情況下都會手工採摘，但在巴西平坦的丘陵山嶽（F　　　）地帶以及稍有坡度像（G　　　）的地區也會用機械進行收割。

種植後發芽圖片

C的圖片

D的圖片

問題 05 的選項

①開花（開可愛白花，如茉莉花一樣芬芳）

②熱帶大草原（在遼闊的高原上受到的光照比較均勻，且配置有用以栽培的灌溉系統。參考第1章問題03中的圖片）

③結果（成熟後變成紅色，達到能稱作「漿果（Cherry）」的狀態）

④收割（在大型農場也會使用機器收割）

⑤夏威夷（勞動成本和土地價格較高，咖啡莊園在不斷減少）

⑥苗木（在避開強烈日曬的苗床栽培，使其生長至40～50cm左右）

⑦內果皮（較厚米色內果皮。參考第1章問題02的插圖）

B的圖片

機器收割圖片

問題 05 答案

A-⑦　B-⑥　C-①　D-③　E-④　F-②　G-⑤

**問題 06** 從右側一頁①～⑦的選項中選擇填入A～G的括弧中。

　咖啡豆並非是收穫之後馬上能夠上市銷售,而是要經過(A　　　)這道工序做成生豆。在這道工序中,首先進行的(B　　　)與其次進行的(C　　　)對咖啡豆進行大致區分。然後裝袋運送至港口進行(D　　　)。

　之後到達工廠為製作成各種產品而進行(E　　　)。

　另外,所謂的(F　　　)是指,咖啡生產地採購時、出入港時、從倉庫出庫時、到工廠入庫時以及產品交貨時等由(G　　　)這樣的專家來對咖啡口味和品質進行的嚴格篩檢。

B的圖片 進行光照曬乾的生豆
(風乾方式。巴西、熱帶大草原)

C的圖片 按照大小篩選

問題 **06** 的選項

①挑選（讓咖啡豆大小統一、取出影響品質的異物等的工序）

②咖啡品鑑師（在巴西確保咖啡品質和品牌技術的資格認證）

③精選（從果實（咖啡果）中取出的種子加工成生豆的過程）

④製造‧加工（按照日本有機農業標準（JAS法），「製造」指的是生產出來的物品與原材料有本質差異；而「加工」則指的是保持原材料本質，增加新的屬性）

⑤精製（去除果肉及果殼的過程）

⑥裝載發貨（在港口裝船出口的過程）

⑦咖啡杯測（也叫杯測。由專家親口品嘗咖啡來鑒定咖啡的過程）

咖啡小知識

咖啡品鑑師在巴西被稱作「Classifcador」。在1960～1990年間為政府機構巴西咖啡學院IBC主辦的國家資格考試，後來成為聖多斯市工商會議所舉辦的非官方資格認定。報名參加咖啡品鑑師的課程並全部修完，在畢業考試中合格即可獲取相應資格。咖啡品鑑師發揮的重要作用和擁有的許可權如下：從外觀上對生豆顆粒大小及均勻性，對有無壞豆等進行品質判定，對咖啡豆進行分級，通過咖啡杯測進行味覺判定，在交易中進行價格談判，保證品質穩定等。

問題 **06** 答案

A-③　　B-⑤　　C-①　　D-⑥　　E-④　　F-⑦　　G-②

飲用的咖啡中包含哪些品種？

 我們日常喝的**咖啡品種**大概有多少種呢？

 栽種的咖啡有數百種，但只有**兩種**被廣泛飲用。

 **問題 07** 從右側一頁①～⑦的選項中選擇填入A～G 的括弧中。

現在作為咖啡飲品的原種包含阿拉比卡種、羅布斯塔種、賴比瑞亞種這三種（A　　），但世界上流通的品種只有前兩種。主要特徵如下：

品種	主要特徵
阿拉比卡種	以（B　　）為原產地，品質好，口味與香氣優良，占咖啡總產量的（C　　）%。但容易遭受病蟲害，不耐雨水和霜寒，栽培地區對海拔高度也有要求，因此不適宜現代化機械及大規模種植。
羅布斯塔種	以（D　　）為原產地，與阿拉比卡豆相比品質、口味和香氣較劣一等，占咖啡總產量的（E　　）%。但耐病性強，在低海拔的高溫高濕地以及常年雨水地區也能栽培，成長到能夠穩定收穫只需短短三年，因此常被作為（F　　）的原料廣泛使用。
賴比瑞亞種	以（G　　）為原產地，與阿拉比卡豆相比品質、口味和香氣較劣一等。另外雖然對溫度差和海拔高度的適應性較強，但因容易遭受病蟲害，現在只在非洲一小部分國家種植，且栽培數量極少。

①非洲中部（剛果盆地）

②20～30（用於即溶咖啡及罐裝咖啡）

③衣索比亞（阿比西尼亞高原）

④栽培三原種（把這些品種進行雜交改良，培育出100多種亞種）

⑤70～80（置換成耐病蟲害的品種，主要用於製作常規咖啡）

⑥西非（賴比瑞亞）

⑦即溶咖啡（把咖啡豆提取的液體進行乾燥、粉末化加工，然後加入熱水飲用）

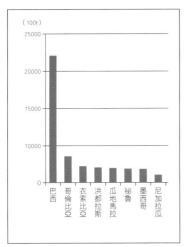

2011年阿拉比卡豆生產量
（根據美國農業部調查）

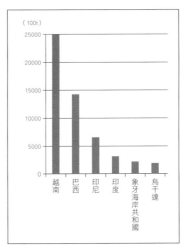

2011年羅布斯塔豆生產量
（根據美國農業部調查）

A-④　B-③　C-⑤　D-①　E-②　F-⑦　G-⑥

 **問題 08** 從右側一頁①～⑦的選項中選擇填入A～G
的括弧中。

　　正如前項問題表格內提到的病蟲害和霜害一樣，身為農作物的咖啡在栽培上有三大敵
人。

　　首先是與氣候條件相關的（A　　　），屬熱帶植物的咖啡經不起激烈的氣溫變化，有可
能會發生樹葉枯黃樹木死亡的情況。世界最大咖啡生產國（B　　　）經常遭受氣候災害，
對咖啡價格產生巨大影響。

　　此外，因為異常氣象，祕魯海岸的海水溫度上升會產生（C　　　），反過來海水溫度下
降會產生（D　　　），由此一來，熱帶對流活動異於往年，該地區對流會變得活躍，會影
響到咖啡種植地區，由於高溫、低溫、降水量增加、洪水等原因，有可能會發生乾旱等災
害，往往會造成咖啡的大量減產。

　　另外，（E　　　）是咖啡樹容易患的病害，整個咖啡栽培的歷史可以說是應付這種病蟲
害歷史都不為過。此病於1861年在非洲的維多利亞湖畔首次發現，瞬間擴展至所有咖啡生
產國。咖啡樹一旦發病，樹葉會出現紅色鏽狀斑點，不久擴展至整片樹葉，導致樹葉乾枯
掉落，進而使得整個咖啡樹枯死。在咖啡品種當中（F　　　）對此病害抵抗力弱，1886年
曾大批栽種該品種的（G　　　），由於此病害蔓延導致咖啡樹全部滅亡，從此改種紅茶成
為紅茶生產國。

問題 **08** 的選項

①銹病（由咖啡駝孢鏽菌引起病害）

②錫蘭（現斯里蘭卡。一部分地區仍進行著小規模的咖啡種植）

③拉尼娜現象（西班牙語中是「小女孩」的意思）

④厄爾尼諾現象（西班牙語中是「小男孩」的意思）

⑤霜凍（經受不住劇烈氣溫變化的咖啡樹，有可能會一夜全部枯死）

⑥阿拉比亞豆（雖然有高品質的口味和氣味，但不耐氣候變化和病蟲害）

⑦巴西（1975年遭受災害導致大幅減產，使得當年咖啡市場價格暴漲）

**咖啡
小知識**

咖啡代表性病蟲是一種叫做布羅卡（broca：原意是鑿洞的人）的害蟲，分佈在各大咖啡主要產地。布羅卡蟲體長1.5～3mm，是一種從根部侵入啃食咖啡果實（在咖啡豆上蛀洞）的害蟲。

被布羅卡蟲叮咬的咖啡豆，被稱作「蟲蛀豆」，會被當做壞豆處理。

為了減少這種壞豆，會採取噴灑農藥、研究其天敵等相關措施，也有用咖啡果實製作酒精、使用誘捕布羅卡蟲的裝置等一系列對環境無害的驅除方法。

問題 **08** 答案

A-⑤　B-⑦　C-④　D-③　E-①　F-⑥　G-②

第②章
咖啡的品質管理標準學

第2章
咖啡的品質管理標準學

咖啡豆的品質會因為收穫時期而產生差異嗎？

以大米試想，人們都喜歡新米勝過舊米，咖啡豆也是一樣的嗎？

雖說咖啡豆越新鮮，其味道和風味就越新鮮，但也會因個人偏好而有所不同哦。

 **問題 01** 從右側一頁①～⑦的選項中選擇填入A～G的括弧中。

　　北半球的絕大部分咖啡產地，都是在10月左右開始進入咖啡收穫期。根據國際協定規定，自10月1日開始的這一年稱作（A　　）。另外，在日本進入秋冬季節後咖啡需求量增加，因此1983年時規定下10月1日為（B　　）。

　　若以（C　　）的方式稱呼咖啡，可以根據收穫時期分為（D　　）、（E　　）、（F　　）（G　　）這四種，各自特徵如下表。

品種	主要特徵
D　E	烘焙含水量較多的生豆的話，味道和香氣會比較鮮明，但需稍微深度烘焙，也有些品種缺乏醇和的口感。 （D　　）與（E　　）相比在香氣方面更富有個性，但（E　　）更適合用於製作混合咖啡。
F	成熟到這種程度的咖啡能夠拔除咖啡強烈的酸味，深受一部分人喜歡。烘焙後味道和香氣比較清淡，比較適合做酸味度低的義式濃縮。
G	最近仍有很多人認為這種豆的商品價值較低。雖然味道、香氣完全喪失殆盡，但因其獨特的醇和口感也會在拼配咖啡中少量使用。

　　咖啡豆越新鮮保存的味道和風味越新鮮，收穫年分越久品質就會越低，但也有部分人認為陳年咖啡富有沉著感。

問題 **01** 的選項

①新作物（New crop，新收穫咖啡。收穫後數月內的青綠色生豆）

②咖啡年度（咖啡豆收穫結束，開始進入新咖啡製作的時期）

③咖啡日（由全日本咖啡協會制定）

④往年作物（Past crop，前一年收穫、開始變黃的生豆）

⑤作物（Crop，是作為農產品的咖啡生豆，有時也表示收穫年）

⑥陳年作物（Old crop，數年前收穫的已經變為黃色的生豆）

⑦當年作物（Current crop，當年收穫的咖啡豆，收穫後經過數月存放變為綠色的生豆）

咖啡
小知識

【New crop】 像紅茶、紅酒之類的與發酵相關的飲品，成熟度越高越美味，但咖啡並非發酵食品，因此新鮮度相當重要。隨著時間流逝，新作物當中含有的香氣、口味會隨著水分的減少而流失。近幾年，品味「只有在產地（莊園）內才能喝到的美味」成為一大熱潮，因此很多咖啡店豆打出「本店新進New crop（當年度收穫的咖啡豆）」作為一大賣點。

另外，如果外部氣溫驟然升高攝氏10度，咖啡豆氧化的速度會急速加快。因此在店鋪內買入烘焙豆時儘量選擇在陰涼乾燥處保存的咖啡，在自己家保存時，也儘量放在低溫低濕且不受日曬的地方。

問題 **01** 答案

A-②　B-③　C-⑤　D-①　E-⑦　F-④　G-⑥

問題 02　從右側一頁①〜⑦的選項中選擇填入A〜G 的括弧中。

人們為了提升咖啡豆品質，會綜合考慮各個品種的優缺點後進行品種改良（也有從咖啡原產地往外移植的過程中，發現變種或選擇優良的遺傳特性進行栽培的改良手段），一般情況下市面上流通的咖啡豆都是多個品種混合在一起的。

高品質的品種（A　　）豆的產量比較低，且容易遭受病蟲害，因此科學家嘗試把它和抗病性強的羅布斯塔豆雜交進行品種改良，衍生出的品種大約有70多種，代表性的品種如下：

（B　　）豆：咖啡豆為圓形小粒咖啡，中央線呈S狀。香氣濃郁醇厚。

（C　　）豆：被稱作（A　　）的原種，屬長形豆，擁有高品質的香味和酸味。

（D　　）豆：小粒咖啡，特點是酸澀味較強。

（E　　）豆：屬中大粒咖啡，酸味與苦味平衡，是巴西最主要的品種。

（F　　）豆：大粒咖啡，是一種產量高且品質好的品種，擁有微微酸味與甘甜味道。

（G　　）豆：顆粒大且呈細長狀，栽培技術要求高，產出的咖啡品質高且有柑橘類香味。

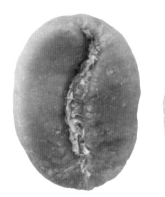

B的咖啡豆

D的咖啡豆

咖啡豆形狀呈圓形，豆的表面稍平，中央裂開的線近似直線。

問題 **02** 的選項

①帕卡瑪拉種（Pacamara）（帕卡斯、馬拉戈日皮的雜交種，多在薩爾瓦多種植）

②瑰夏/藝伎（Geisha）（在衣索比亞的瑰夏村發現，因2004年巴拿馬的高價收購而出名）

③波旁（Bourbon）（鐵比卡發生基因突變形成，是巴西咖啡的原型，但產量低）

④新世界種（Mundo Novo）（波旁與固有的蘇門答臘品種自然雜交形成，有「新世界」的意思）

⑤阿拉比卡種（因為品質高，在各個國家都在拿這一品種做品種改良）

⑥卡杜拉（Caturra）（波旁種發生基因突變形成，雖然抗銹病強，但收穫一般是兩年一次）

⑦鐵比卡（Typica）（過去曾在中美地區廣泛種植，因抗銹病能力弱，現在多被改良品種替代）

瑰夏種/藝伎種這種咖啡豆為何價格貴？

主要有以下幾個原因：

· 其圓潤的香氣與柑橘類的清爽酸味特別受人們青睞，在拍賣過程中往往會以高價成交。

· 根部生長緩慢，咖啡樹容易倒伏，導致其產量不高，因此往往供不應求。

· 培育過程困難，大多數栽培半途而廢，咖啡樹苗本身數量少。

埃斯梅拉達農場的瑰夏種最有名。

問題 **02** 答案

A-⑤　B-③　C-⑦　D-⑥　E-④　F-①　G-②

生豆品質會受到哪些方面的影響呢？

 我曾經看到過有些自家烘焙的店鋪也在分揀豆子，那是在做什麼？

 為了做出好喝的咖啡，在生產國**精選**之後還會進行**去除異物的工序**。

 從右側一頁①～⑦的選項中選擇填入A～G的括弧中。

　　為了得到咖啡生豆，就需要把收穫的咖啡果實迅速地去除果肉，取出種子，進行大小區分等，這叫做（A　　）。此項工序的前半部分是從果實當中取出生豆的（B　　），後半是去除異物的（C　　）。

　　取出生豆的方法有以下幾種，所採用的方法不僅僅是根據國家進行區分，也有考慮到環境和品質而產生的新方法。取生豆的方法會對品質和香味產生很大影響。

取出方式	品質・香味	使用此方法的主要國家
所謂（D　　），是指通過天然晾曬讓果皮和果肉乾燥後，用機械去除的方法	在乾燥期間，很容易受到天氣影響，也容易進入異物。有濃郁醇和的香味。	巴西、衣索比亞、葉門等
所謂（E　　），是指在用機械去除果皮和果肉之後，添水使其發酵再完全去除果肉的方法	但過程中可以挑揀出未成熟的和過於成熟的果實。芳香且擁有優質酸味。	哥倫比亞、墨西哥等大多數咖啡生產國家
（F　　）和（G　　）等都是新引入的方法，是採用了（D　　）和（E　　）優點而產生的的方法。	因不用放入發酵槽，品質比較穩定。比水洗過的咖啡豆更加甘美。	巴西大中規模的農場

問題 **03** 的選項

①分選（去除小石頭等異物，進行尺寸大小與比重的區分）

②水洗式（也叫做Washed，據説是印度發明的方法）

③精選（收穫的咖啡漿果根據所處地區的氣候和設備等以各種方法變成生豆）

④果肉日曬法（Pulped Natural）（也叫蜜處理。是巴西開發的一種方式，在粘液質的狀態下乾燥）

⑤精製（從成熟的咖啡漿果中取出咖啡豆的工序）

⑥半水洗式（Semi-washed）（也叫不完全水洗式，使用機械強制取出粘液質）

⑦非水洗式（也叫自然日曬法、Un-washed。屬於傳統方式，以果實狀態直接進行乾燥）

Q 印尼採用的特色精製方法，是怎樣的一種方法呢？

A 是一種叫做蘇門答臘式的作法。

據説這種精選方法能夠使得生豆顏色呈現比較特殊的深綠色且擁有特殊風味。

· 帶內果皮的咖啡豆在不完全乾燥的狀態下脫殼，然後再進行乾燥的方法。

· 因為是在水分較多的狀態下脫殼，很容易擠破咖啡豆，也有進入細菌的風險。

問題 **03** 答案

A-③　B-⑤　C-①　D-⑦　E-②　F-⑥（或④）　G-④（或⑥）

如何對咖啡豆劃分等級、進行評價？

咖啡好不好喝，每個人的感受都有所不同吧？

咖啡等級及評判的標準，在每個生產國和消費國，都會隨著時代而改變。

問題 **04**
從右側一頁①～⑦的選項中選擇填入A～G的括弧中。

　　咖啡豆既然是一種農作物，就會在收穫時混入異物或壞豆，在生產國會有根據混入異物的比率來對咖啡進行的（A　　）。因此在生產咖啡生豆工序的後半段，按照咖啡豆大小進行分類、去除雜物的（B　　）是品質管理當中非常重要的一環。

　　生咖啡豆先去除石子，然後使用（C　　）根據顆粒大小進行區分，再使用（D　　）根據比重進行區分，再通過（E　　）去除掉黑色豆等的變色豆。

　　另外，由機械挑選後剩餘的異物和壞豆都是再經過（F　　）來去除。壞豆通常被叫做（G　　），如果不加以去除，往往會影響到咖啡的口味和風味，因此在生產國出貨前就會進行此項工序。

　　近幾年雖然混入率已經很低，但為了能夠製作更好的風味咖啡，不光是在烘焙前再次進行挑選，烘焙後因加熱不均勻出現的壞豆也需要挑揀出來。

問題 04 的選項

①分選（在進行分級之前去除影響品質的咖啡豆）

②手工挑選（人眼挑除影響咖啡口味的壞豆或雜物）

③比重分選機（按照咖啡豆比重進行區分的機器）

④大小分選機（按照咖啡豆大小進行區分的機器，參照第1章問題06的圖片）

⑤瑕疵豆（生病、蟲咬、有傷的生豆）

⑥電子分選機（根據咖啡豆顏色進行區分的機器）

⑦分等級（雖然各生產國的品質標準不一樣，但壞豆混入率是其中必有的一項）

瑕疵豆的例子

發酵豆	黑色豆	未成熟豆
水洗方式下精製過程中或收穫後處理不及時而導致發酵的咖啡豆，烘焙過程中容易產生異味。	在收穫前已經掉落或完全發酵的咖啡豆。容易使咖啡渾濁和產生腐臭味。	在咖啡漿果未完全成熟的狀態下收穫的咖啡豆。很容易致使咖啡有生澀的難聞氣味。
死豆	貝殼豆	缺口豆
非正常結果的咖啡豆。往往會使得咖啡帶有輕微異味。	因為繁殖問題而變成貝殼狀的咖啡豆，在烘焙過程中容易產生焦斑。	在精製或運輸過程中破碎或出現缺口的咖啡豆。在烘焙過程中容易產生焦斑。

問題 04 答案

A-⑦　B-①　C-④　D-③　E-⑥　F-②　G-⑤

 **問題 05** 從右側一頁①～⑦的選項中選擇填入A～G
的括弧中。

　咖啡豆會根據其生產率及生產地不同而在口味上有所不同,各生產國都有獨自的評價標
準,全世界並沒有統一。咖啡豆評級時會採用(A　　)、(B　　)、(C　　)等多項
符合評價標準進行,以巴西為例,咖啡豆的評級如右圖,咖啡豆的標記如下圖。

以【巴西聖多斯No.2 SC18 SS】這一款咖啡豆的標示為例進行說明。

巴西	原產國
聖多斯	出口港名稱,在巴西,各出口港對咖啡的保存和管理各不相同,因此使用出口港來標記。聖多斯港出貨的麻袋上都會打上Santos的標記。
No.2	300g生豆中混入的瑕疵豆在4個以內的話為No.2。從最高的No.2～No.8不等。
SC18	豆目(Screen size,咖啡豆大小)從20～13不等。標識的數位越大,該咖啡豆顆粒越大。通過豆目分選機來進行區分。
SS	味道分級。以SS(StrictlySoft)～Rz(RioZone)進行等級區分。SS表示柔和度和甜美度最高。

　主要產國的咖啡豆評級如下:

【瓜地馬拉】以(A　　)來判別品質,最高級的稱作(D　　)。

【哥倫比亞】以(B　　)來判別品質,最高級的稱作(E　　)。

【印尼】以(C　　)的混入率來判別品質,最高級的稱作(F　　)。

【衣索比亞】以(C　　)的混入率來判別品質,最高級的稱作(G　　)。

問題 05 的選項

①瑕疵豆（檢查300g樣本生豆中異物的混入數量，混入率越低等級越高）

②豆目（以0.4mm為單位的網篩進行過篩，顆粒越大等級越高）

③產地海拔（越是在晝夜溫差大的高地栽培，等級越高）

④G-1（第1等級的缺陷數在0～3以下。分成G1～8共八個等級）

⑤G-1（第1等級的缺陷數在11以下。分成G1～6共六個等級）

⑥極硬豆（也稱作SHB。種植海拔高度一般在1350m以上）

⑦蘇帕摩（Supremo，特選級，豆目在17以上的豆含量占整體80%以上的咖啡豆）

巴西咖啡生豆評級

豆目數值
括弧內的數值為1/54 英寸，按照0.4mm為單位進行計算

Very Large Bean	豆目大小20（8.0mm）
Extra Large Bean	豆目大小19（7.6mm）
Large Bean	豆目大小18（7.2mm）
Bold Bean	豆目大小17（6.8mm）
Good Bean	豆目大小16（6.4mm）
Medium Bean	豆目大小15（6.0mm）
PB	豆目大小14（5.6mm）

咖啡杯測品質（味覺測試）

1 SS（Strictly Soft）	超級溫和，富有甜香味
2 S（Soft）	溫和，有甜香味
3 St（Softish）	少帶一些甜香味
4 H（Hard）	有強烈刺激
5 R（Rio）	帶有輕微碘臭
6 Rz（Rioy）	有濃烈碘臭味

根據瑕疵數的評級

混入雜物	個數	瑕疵減分
石頭、木片、土塊（大）	1個	5分
石頭、木片、土塊（中）	1個	2分
石頭、木片、土塊（小）	1個	1分
黑色豆	1個	5分
內果皮	2個	1分
咖啡皮(大)	1個	1分
咖啡皮(小)	2～3個	1分
乾癟果實	1個	1分
發酵豆	2個	1分
蟲蛀豆	2～3個	1分
未成熟豆	5個	1分
貝殼豆	3個	1分
裂痕豆、缺口豆	5個	1分
漲豆、發育不良豆	5個	1分

根據瑕疵減分表示的品質等級

No.2…… 減4分以下
No.3…… 減12分以下
No.4…… 減26分以下
No.5…… 減46分以下
No.6…… 減86分以下
No.7…… 減120分以下
No.8…… 減280～360分

問題 05 答案

A-③　B-②　C-①　D-⑥　E-⑦　F-⑤　G-④

 **問題 06** 從右側一頁①～⑦的選項中選擇填入A～G 的括弧中。

　　至今為止，各個咖啡生產國的品質評級及評價都沒有統一標準，針對這一現狀，在美國出現了對飲用咖啡時實際感受到的咖啡風味進行評價的想法。1978年在法國召開的咖啡國際會議中，美國的努森（Knudsen）女士使用到的（A　　）一詞受到了提倡。這一舉動使得人們為了追求美味咖啡，開始重新審視與咖啡原產地之間關係。為現代概念打下堅實基礎的是1982設立的（B　　）。該組織提議用分數來評判咖啡風味特徵，逐漸作為客觀的評價標準固定下來。此項方法與以往進行的尋找咖啡豆缺陷的評價方式不同，而是定位在把握咖啡豆個性上。歐洲挪威奧斯陸設立了SCAE（歐洲精品咖啡協會），2003年日本也設立了（D　　）。咖啡雖然在市場上逐漸被人們認識，但至今沒有統一的定義。

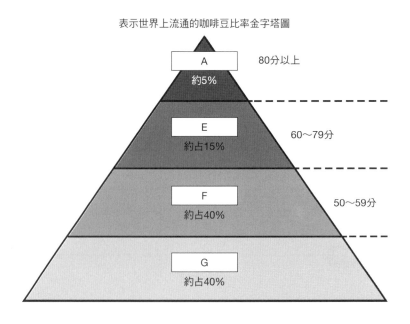

表示世界上流通的咖啡豆比率金字塔圖

A 約5% 80分以上

E 約占15% 60～79分

F 約占40% 50～59分

G 約占40%

問題 06 的選項

①高級咖啡（Premium Coffee）（指定產地或指定品種的特殊、貴重咖啡）

②精品咖啡（從「special geogrance microclimates produce beans with unique flavor profiles」中提煉的「Specialty Coffee」）

③美國精品咖啡協會（SCAA：Specialty Coffee Association of America）

④一般流通品咖啡（也叫商業咖啡，作為日常生活用品消耗量最大的咖啡）

⑤低等級咖啡（在廉價的常規咖啡中使用）

⑥日本精品咖啡協會（SCAJ：Specialty Coffee Association of Japan）

⑦杯測（Cup Test。以人的感官對咖啡進行定量評價）

SCAA成立 1982年

BSCA（巴西精品咖啡協會）成立 1991年

SCAE成立 1998年

SCAJ成立 2003年

SCAA咖啡杯測時進行的10個項目

芬芳（Fregrannce/Aroma）	咖啡粉的香味，注入開水前後的香味
風味（Flavor）	風味，含在口中時鼻子感受到的印象
酸度（Acidity）	酸味品質
口感（Body）	口感及含在口中的觸感
餘味（Aftertaste）	在口中及鼻腔中留下的餘韻
甜感（Sweetness）	判斷是否有甜味
均一性（Uniformity）	進行5杯杯測，測試其口味的穩定性
平衡度（Balance）	風味、酸味及口感的平衡
乾淨度（Clean Cup）	測定是否有雜味及瑕疵
綜合評價（Overall）	通過整體杯測後的感受

問題 06 答案

A-② B-③ C-⑦ D-⑥ E-① F-④ G-⑤

咖啡的穩定供給及價格方面有相關研究嗎?

 全世界咖啡飲用量增加,不會有什麼問題嗎?

 推進安全美味的咖啡可**持續性的**生產和消費,這一趨勢已經出現。

 從右側一頁①~⑦的選項中選擇填入A~G 的括弧中。

咖啡的交易金額繼石油之後,是全世界第二高的初級產品,在世界經濟中發揮著重要作用。另外在生產國家,咖啡的栽培也跟整個動植物的生態系統有著地域性的關聯,因此環境方面也會有重大影響。也就是說,把咖啡生產從經濟、環境等方面來考慮,進行可持續的安全生產和消費,並以合理的價格進行買賣成為全球性的動向。這樣的咖啡稱作(A　　　)。

現在,致力於推進和支援咖啡事業的是以歐美為主要陣地的(B　　　),該組織嚴格遵守根據各自不同的理念而設立的標準,督查咖啡生產者及經銷商,如能嚴格遵守標準,便可作為(C　　　)得到權威認證。日本在2007年設立了(D　　　),在其官方網站上介紹了(A　　　),主要摘錄如右側表格。

另外,在主頁上還介紹了「保護咖啡活動」(為了保護存在多樣化生物的咖啡生產地之環境與人們的生活,與當地咖啡農戶一同在生產、加工、流通等全過程中,以維持可持續發展為目的進行的活動)和「公正貿易認證咖啡」(根據國際公正貿易標準,對於在當今的貿易體制中處於不利地位的發展中國家,其小型生產者和勞動者給予最低買入價格和獎金保證,簽訂長期穩定的買賣合約,以達到改善其生活狀況和勞動條件,促進環境保護等目標)。

問題 07 的選項

①認證咖啡（擁有指定栽培農場和特定經銷途徑，被認定為安全放心的咖啡）

②熱帶雨林聯盟（1987年為保護地球熱帶雨林而設立）

③Good Inside（1977年為提高可信賴的生產商等認識度而設立）

④NGO組織（推進咖啡等級、品質、流通管理等之非政府組織）

⑤可持續發展咖啡（Sustainable Coffee）（生產者可以安心生產，消費者也能夠持續飲用的咖啡）

⑥日本可持續發展咖啡協會（向消費者推廣團體理念而推廣各種活動）

⑦善待候鳥機構（Bird Friendly）（為推展有利於候鳥及環境的咖啡生產、普及而在1999年設立的機構）

認證團體	咖啡專案方案特徵
（E　）	對社會‧環境負責任的農作物生產、供給、調度的國際認證方案。購買咖啡的人能夠正確把握所購咖啡是源自哪裡的咖啡（源頭追溯性管理，Traceability），獨立的協力廠商機構會根據標準定期對農場進行督查。
（F　）	在史密森尼候鳥中心，為保護野生動物和鳥類棲息地，考察咖啡農場，設立了兩項標準。一是要持有有機栽培證書，二是為確保優越的候鳥棲息地環境必須有單獨的遮陰種植。
（G　）	咖啡農場必須保護森林，保護野生動物，管理和減少化學肥料的使用，讓勞動者在適宜的勞動條件下工作，回饋地方社會，為當地教育和醫療提供機會等。

問題 07 答案

A-⑤　B-④　C-①　D-⑥　E-③　F-⑦　G-②

問題 08 從右側一頁①～⑦的選項中選擇填入A～G的括弧中。

在品質管理方面，傳統的品質鑒定中會評斷咖啡有無異味臭味，有無讓人不愉快的味道，從視覺上觀察有無缺陷等的（A　　），最近精品咖啡逐漸興起，開始從咖啡所擁有的特性等（B　　）進行評價。

在巴西，咖啡品鑑師被稱作（C　　），他們進行的傳統品質鑒定包括用眼觀察的分級（根據咖啡豆大小的豆目數值，混入雜物換算出的減分）以及根據口味進行的分級（D　　），進行綜合評價。這時要求咖啡品鑑師能夠迅速判斷咖啡有無異味異臭等。從咖啡生豆的採購、銷售、出口、進口直至品質管理，咖啡品鑑師身上肩負著決定咖啡商品價值的重大使命和許可權。

另一方面，（E　　）的杯測中，又加上了香味、甜味、酸味、餘味等共10個考察要素來評分。SCAA的標準中，其合計在（F　　）分以上的咖啡會授予相應稱號。咖啡是（G　　），因此最終仍是根據個人喜好，很難將其嗅覺和味覺轉化成語言，因此咖啡品鑑師熟練的技藝繼續提升，以及生產國與消費國之間的相互理解非常重要。

①精品咖啡（自始至終的品質管理「From Seed to Cup」。參照第2章問題06的圖片）

②咖啡杯測（分為「香味」、「味道」、「口感」三個階段進行確認）

③嗜好飲品（以滿足個人喜好為主要目的的飲料）

④減分法（異味及口味不佳等的負面評價）

⑤80（這個分數以上的咖啡豆在全世界只占大約5%的交易量，是非常珍貴的）

⑥加分法（優質的香味和口味的正面評價）

⑦Classifcador（葡萄牙語。參考第1章問題06的咖啡小知識）

D的場景

A-④　B-⑥　C-⑦　D-②　E-①　F-⑤　G-③

第 ③ 章

咖啡與政治·貿易·經濟、物流學

第3章
咖啡與政治・貿易・經濟、物流學

咖啡會對政治、社會造成影響嗎？

 咖啡自古以來就被大量飲用，應該很受大家喜愛吧！

 正因為有這樣的魅力，所以歷史上也有對社會和國民生活產生重大影響的例子。

 **從右側一頁①～⑦的選項中選擇填入A～G 的括弧中。**

【伊斯蘭（麥加）事件】

　　由於當時咖啡店極其繁盛，在對咖啡毀譽參半的激烈爭論中，1511年（A　　）聲稱飲用咖啡會違法亂紀，違背古蘭經的教義，因此發佈了（B　　）。但是，當時統治麥加的埃及國王蘇丹特別熱愛咖啡，此禁令使得他勃然大怒，發生了立即撤銷該禁令的（C　　）。其後對咖啡持有偏見的人仍舊一直存在，事件發生70年後的1587年，阿拉伯人（D　　）在伊斯蘭教各國還原咖啡本來面目，告訴大家咖啡是一種健康的飲品，努力說服反對者，其著述的（E　　）非常有名。

【普魯士（現德國）事件】

　　當時沒有殖民地的普魯士，因咖啡消費量劇增導致大量資金流向海外，國內經濟受到巨大打擊。1777年，（F　　）為了推薦國人飲用啤酒而加大對咖啡的稅收，1781年除了王室以外禁止任何咖啡的烘焙加工。此舉竟使得普通人民變得開始飲用（G　　），造成如此巨大的影響。

問題 01 的選項

①阿布達・卡迪（也記載了雪克・歐瑪發現咖啡的傳說）

②咖啡代用品（甘蔗、無花果、花生、栗子等成為代用品）

③咖啡禁止令（據禁止令強行執行關閉咖啡店、拘捕店主的行為）

④凱爾・貝總督（被蘇丹任命的地方長官，傳說戒律森嚴）

⑤麥加事件（國王下令撤回咖啡禁令，並處決總督的事件）

⑥弗雷德里希二世（也叫腓特烈大王，據說他特別喜歡咖啡）

⑦咖啡起源書（據說這是最古老的咖啡專業書籍）

Q 咖啡代用品中最普遍的有哪些？

A 有一種叫做菊苣的菊科植物，把它的根晾乾，烘焙後加熱水煮出來菊苣咖啡，另外同屬菊科植物的蒲公英的根也可以烘焙後做成蒲公英咖啡。這些咖啡當中不含咖啡因，但含有苦味成分，因此和咖啡口味相似。

問題 01 答案

A-④ B-③ C-⑤ D-① E-⑦ F-⑥ G-②

從右側一頁①～⑦的選項中選擇填入A～G的括弧中。

　　在英國，從查理二世時代開始（A　　　）就成為了宮廷飲品，於是就產生了比較大的需求量。1651年英國頒佈（B　　　），規定凡是出入英國或英國殖民地的貨物都必須由英國船載運，由此爆發了與荷蘭之間的戰爭。這場戰爭最終以英國勝利告終，英國東印度公司壟斷了海上貿易。另一方面，英國為了在財政上給予支援，而制定了（C　　　），這項條款也適用於當時屬於英國殖民地之一的美國，其結果便是英國向美國強行傾銷茶葉，這引起了美國人對茶葉的抵制。1773年，美國人襲擊了停泊在波士頓港裝運茶葉的三艘船，並把船上342箱茶葉扔進大海，史稱（D　　　）。此事件成為引發1775年～1783年（E　　　）的導火線。與此同時，美國也開始急速成為（F　　　）的消費國家。

　　位於波士頓的（G　　　）咖啡店，研究（D　　　）戰略，可以說是發揮了（E　　　）大本營的作用。由此看來，當時日常飲用的茶與咖啡，竟能與建立國家這一大事有著緊密關係，真是非常耐人尋味。

問題 **02** 的選項

①波士頓傾茶事件（由激進派「自由之子」主導的傾倒茶葉的抵抗運動）

②綠龍（Green Dragon Tavern）（1697～1832年營業，在歷史上發揮了重大作用）

③航海條例（也叫航海法。因支持自由貿易者勢力興起而在1849年廢除）

④茶（據說當時查理二世的王妃凱薩琳公主非常鍾愛喝茶也推動了大眾對茶的喜愛）

⑤茶法（授予東印度公司直接向美國輸送茶葉與獨家經銷權的法令法規）

⑥咖啡（與獨立氛圍日漸高漲一起，美國人開始從紅茶消費轉向咖啡消費）

⑦美國獨立戰爭（英國本國與美國13個殖民地的戰爭）

描繪D場景的版畫（由Nathaniel Currier創作）

問題 **02** 答案

A-④　B-③　C-⑤　D-①　E-⑦　F-⑥　G-②

在決定咖啡豆價格方面，國際上有固定規則嗎？

 咖啡豆的價格到底是由誰如何制定的？

 作為**國際貿易商品**的咖啡豆是根據**供給關係**和**協定**來進行交易的。

 **問題 03** 從右側一頁①～⑦的選項中選擇填入A～G 的括弧中。

生產品種	（A　　）比（B　　）貴	附加價值種植	標準豆、優質豆
精製加工	（C　　）比（D　　）貴	栽培國家的土地價	土地價格高低
種植規模	規模大小	生產國的行政管理	有無政府管理
收穫方式	機械化收穫，手工採摘		

　　咖啡生產國的咖啡價格，是按照品種、國家管理等上述的專案來確定的。此外，咖啡生豆的進口價格，是根據國際市場行情與匯率的波動而決定的。

　　國際市場上多採用期貨形式，主要由中美、南美、亞洲、非洲交易（A　　）的（E　　）與非洲、亞洲諸國交易（B　　）的（F　　）這兩大交易所的價格為基礎而決定。一般情況下，如果生產國預計咖啡豐產那麼價格會下降，或如果因氣候原因，導致減產或當地政局不穩，價格則會上漲，但也有以投機為目的的買賣，導致的價格劇烈浮動。特別是占咖啡總生產量1／3的（G　　），其未來生產量的預測直接關係著國際價格的變動。

　　另一方面，在咖啡生豆依賴進口的日本，如果日元升值則進口價格下降；反之，如果日元貶值則進口價格上升，深受匯率市場影響。

問題 **03** 的選項

①非水洗式（也叫自然日曬法。參考第2章問題03）

②水洗式（Washed。參考第2章問題03）

③阿拉比卡種（自家烘焙店裡直接使用咖啡豆基本都是這一品種）

④紐約交易所（設立於1882年。屬於洲際酒店交易所（ICE）旗下）

⑤倫敦交易所（設立於1811年。倫敦國際金融期貨交易所（LIFFE））

⑥巴西（1994年霜凍及2001年乾旱導致咖啡國際市場價格暴漲）

⑦羅布斯塔種（經常用於製作即溶咖啡和混合咖啡）

交易所	咖啡豆品名	生產國	咖啡種類
（E　）	Columbian Mild 咖啡 哥倫比亞、坦尚尼亞、肯亞產的水洗式 阿拉比卡種咖啡	哥倫比亞、肯亞、坦尚尼亞	（A　）
	Other Mild 咖啡 哥倫比亞Mild咖啡以外的多為中美生產的水洗式 阿拉比卡種咖啡	墨西哥、薩爾瓦多、祕魯等	
	Brazilian & Other Arabica咖啡 巴西與衣索比亞產的阿拉比卡種咖啡	巴西、衣索比亞等	
（F　）	Robusta 咖啡 羅布斯塔種咖啡	烏干達、剛果、馬達加斯加島等	（B　）

【四大集團與評級】ICO（International Coffee Organization，國際咖啡組織）把咖啡按照商業交易進行了這四種分類。該組織會根據各種因素對四大類別公布指導性價格。

問題 **03** 答案

A-③　B-⑦　C-②　D-①　E-④　F-⑤　G-⑥

 **問題 04** ## 從右側一頁①～⑦的選項中選擇填入A～G的括弧中。

　　1962年，咖啡生產國與消費國共同努力，為了讓國際市場上的咖啡供給協調、價格穩定而制定了（A　　）。以穩定價格為目標的支柱性（B　　）協議於1989年曾一度停止，此類協議經歷了多次修訂。

　　另外在1963年，咖啡生產和出口的國際性協議確定下來，以糾正生產國與進口國之間的經濟力差距導致的不公平，維護價格和供給的穩定為目的，新成立了（C　　），本部設在倫敦。1964年日本也參與其中。

　　該組織在聯合國基金的協助下，與1997年至2000年實施了促進世界上咖啡生產國政府生產高品質咖啡為目標的（D　　）。為檢驗成果，1999年在巴西舉辦了第一屆咖啡比賽，後來，隨著影響範圍慢慢擴大，最終演化成了由美國（E　　）主導的比賽，成為全世界品質最高的活動，得到了極高評價。

　　此外，當今所謂的（F　　）指的是只有滿足了（G　　）標準的咖啡，才能參加的咖啡大賽。經國際評委嚴格的評審，對當年生產出來最好咖啡的農場經營者授榮譽稱號，同時通過拍賣給予高價回報。

問題 04 的選項

①精品咖啡評級（COE：Cup of Excellence。在生產國每年進行一次的咖啡品評會）

②極品咖啡項目（通過栽培本地品種和開發新的生產方法而促進生產國的經濟獨立）

③國際咖啡組織（ICO：International Coffee Organization）

④出口分配制度（也叫配額制度。目的是通過控制出口、維持供給平衡來穩定價格）

⑤國際咖啡協議（ICA：International Coffee Agreement）

⑥精品咖啡（特定農場、品種、精製方法的高品質咖啡，參考第2章問題06）

⑦SCAA（美國精品咖啡協會。世界最大的咖啡貿易團體）

Q 國際咖啡機構的活動以及與日本之間的關係都是怎麼一回事呢？

A 我們來看一下國際咖啡機構的官方主頁，截至2015年加盟國的數量達47個國家，其中咖啡出口國家40個，進口國家7個。現在主要是咖啡生產量與消費量、庫存量等的資料庫，以及發揮支援中小咖啡農場的作用。日本在2009年曾因財政困難等原因一度從該機構退出，2015年又重新加入，通過資訊收集等手段以抑制由於國際上生產狀況不穩定對國內帶來的不良影響。

問題 04 答案

A-⑤　B-④　C-③　D-②　E-⑦　F-①　G-⑥

世界咖啡生產和消費現在處於什麼狀態呢？

現在咖啡需求不斷增加，生產國有何變化嗎？

從世界整體來看，最近**亞洲圈**國家的生產量在增加。

從右側一頁①～⑦的選項中選擇填入A～G 的括弧中。

我們看一下由美國農業部（USDA：United States Department of Agriculture）統計的咖啡生產與消費相關資料。

2014年度咖啡生產國中處於第1名的是（A　　），以熱帶大草原地區為中心，在擁有灌溉設備與機械的大規模農場進行栽培。位於第2名的是（B　　），在政府方針的支持下生產量達到世界總生產量的20%。第3名是（C　　），集中在海拔1000～2000m的山區陡坡種植，主要由小農場生產。另外，2012年之前的第3名為印尼，特點是主要收穫品種為多在拼配咖啡中使用的羅布斯塔種，同時也生產高品質的阿拉比卡種。

另一方面，咖啡消費國之中，處於第1名的是（D　　），第2名是（A　　），第3名是（E　　），第4名是（F　　）。而國民人均消費量第1名的是（G　　）。

問題 05 的選項

①德國（歐盟國家中，比義大利、法國等國消費量還大）

②盧森堡（國民人均年消費量可以達到2780杯）

③日本（國別消費量約400千噸左右）

④美國（國別消費量約1400千噸左右）

⑤越南（主要生產羅布斯塔種，多用於製作即溶咖啡）

⑥哥倫比亞（生產阿拉比卡種，因為位於赤道上，一年可收穫兩次）

⑦巴西（既是最大的生產國，又在消費國之中排名靠前）

Q 世界上國民人均咖啡消費量的排名？

A 根據ICO的統計，排名第1名的是盧森堡，第2名是芬蘭，第3名是丹麥，第4名是挪威，第5名是奧地利，全部為北歐國家。

日本位於第29名，與盧森堡人均一天喝八杯咖啡相比，日本人均一天喝0.9杯，是盧森堡人均飲用量的八分之一。

問題 05 答案

A-⑦ B-⑤ C-⑥ D-④ E-① F-③ G-②

 **問題 06** **從右側一頁①～⑦的選項中選擇填入A～G 的括弧中。**

　　根據2012年ICO按照國別進行的統計，咖啡進口量占第1名的是（A　　），第2名的是
（B　　），日本緊追其後位列第3名，與第4名的法國、第5名的義大利相比，名次還要稍
前，這是日本咖啡現狀。

　　2013年日本咖啡生豆的進口量平穩增長到了45萬噸，回想戰後1950年重新開始進口，
到1960年進口量才大約1萬噸上下，恍如隔世。而現在，從消費國來看，日本也是位於世
界第4位的咖啡消費大國。日本的咖啡豆全部依賴進口，交易國包含世界（C　　）個國家
以上。2013年日本的主要咖啡進口國家第1名的是（D　　），第2名是（E　　），第3名
是（F　　），源自以上三個國家的咖啡進口量占全體總量的六成以上。

　　2012年源自（G　　）的進口量超過（F　　），日本從亞洲進口咖啡的量有增加趨
勢。

問題 **06** 的選項

①哥倫比亞（生產量占全世界第4位，以生產輕度咖啡（Mild Coffee）聞名）

②印尼（阿拉比卡種中比較有名的是曼特寧，羅布斯塔種中比較有名的是爪哇羅布斯塔）

③巴西（是最大的咖啡生產國，但受到收成影響價格變動較大。參考第1章問題07）

④40（印度和中國也算日本的咖啡進口國）

⑤美國（夏威夷州是經營咖啡的商業基地，且是美國唯一生產咖啡的州）

⑥越南（咖啡的主要生產國之一，主要生產羅布斯塔種）

⑦德國（在歐盟國家中進口量和消費量最大的國家）

 現在日本也在出口咖啡，這是真的嗎？

 根據神戶海關資料顯示，出口的咖啡相關品項主要有：在日本烘焙、混合用於餐飲業和大眾的咖啡，或者使用在日本烘焙的咖啡豆作為原料，在當地的工廠生產製造的冷藏飲料（放入容器當中的咖啡飲品）等。

出口的咖啡市佔率從國別上看，韓國是最主要的貿易對象，其次為中國香港、臺灣等，主要流向亞洲國家其他地區。

問題 **06** 答案

A-⑤　　B-⑦　　C-④　　D-③　　E-⑥　　F-①　　G-②

在咖啡流通方面有沒有新的政策？

 咖啡生產者的利益與交易的關係複雜，不會有問題嗎？

 照顧生產者一方利益，能夠公平交易的貿易協定已然出現。

 **從右側一頁①～⑦的選項中選擇填入A～G 的括弧中。**

　　咖啡可以說是繼石油之後，第二大交易金額的國際貿易商品，但咖啡屬於農作物，價格很容易受氣候變化等的影響。因此，為了使咖啡價格穩定，預防咖啡原料品質下降和咖啡產量減少，以支援生產者為目的，經過一定檢驗合格後的咖啡作為（A　　）可以收到資助。特別是連接咖啡生產者與消費者的（B　　）這一概念下生產的咖啡，（C　　）很早就流通在歐美地區的市場上。在日本2007年設立了（D　　）。2001年的SCAA報告（Sustainable Coffee Survey of the North American Specialty Coffee Industry July 2001 Daniele Giovannucci著）中，把（C　　）分成使用有機耕作方法生產的（E　　）、公平貿易下的（F　　）、以及對環境保護起到作用的（G　　）這三部分。

　　但是，這些咖啡在不同的市場和認定標準下被定義，因此實際進行區分的時候有重複的地方。

問題 **07** 的選項

①有機栽培咖啡（在日本只有符合JAS標準的咖啡，才可以用有機栽培標識）

②日本可持續發展協會（以提高大眾對可持續發展的認識為目的）

③公平貿易咖啡（通過保證最低銷售價格與獎勵的方式支援生產者安心生產和生活。參照第2章問題07）

④可持續發展（以生產的環境和生產者生活雙方共同可持續發展為目標的想法）

⑤遮陰樹咖啡（Shade tree Coffee，在森林資源豐富的地方，為了保護當地生態系統和候鳥而進行的生產）

⑥認證咖啡（滿足NGO組織的評審標準，在被認證的農場生產出來的咖啡）

⑦可持續發展咖啡（在精品咖啡中，使用可持續的種植方式栽培出來的咖啡）

A咖啡的舉例

公平貿易認證	為了實現小規模生產者在社會與經濟上的獨立，從而保證商品公平貿易中的最低價格，公平貿易的獎金存儲在生產合作社中。
有機認證	在各國都有的一種認證制度，通過有機栽培在食品添加物方面設立標準，以保證食物安全。
熱帶雨林聯盟認證	從環境保護、社會公平、經濟方面具有競爭力三個方面評估，在能夠保護熱帶雨林，遵循可持續發展的農業法令及法規的栽培農場，重視經營管理生產出來的商品。
善待候鳥認證	防止砍伐森林，為實現保護在此棲息的候鳥之生存環境而進行的咖啡種植。

問題 **07** 答案

A-⑥　B-④　C-⑦　D-②　E-①　F-③　G-⑤

 **問題 08** **從右側一頁①～⑦的選項中選擇填入A～G 的括弧中。**

　　在1962年的國際咖啡協議中規定下來的（ A　　），造成加盟國和非加盟國之間的進出口價格出現問題，1989年包含該項制度的條款被廢止。結果造成了只靠市場行情決定咖啡價格的情形，之後咖啡行情出現大幅下跌，歐洲針對這種不公平的貿易結構，為支援小規模生產者，開始實行（ B　　）。

　　為此，於1997年設立了（ C　　），2002年時完成了（ D　　），並逐漸擴展開來。（ B　　）最大的特點是，由進口商對生產者合作社提供生產成本，提供保證維持其生產和生活的（ E　　），以及保證生產地區社會發展的（ F　　）。對於咖啡消費國來說，只有構築與生產國之間長期穩定的關係，維持生產者的穩定生活，才能夠持續穩定地喝到得到品質認證的（ G　　）。

機構名稱	（ C　　） （Fairtrade Labeling Organizations international）
總部所在地	德國・波恩
機構使命	通過（ D　　）這一行動，以實現處於不利地位的發展中國家的生產者和勞動者的可持續開發與獨立、自強。
方案特點	根據國際公平貿易標準，針對在當代的貿易體制當中，處於不利地位的發展中國家的小規模生產者和勞動者，通過確保最低買入價格和獎金，簽訂長期穩定的交易合同等，來改善其生活狀況和勞動條件，促進環境保護。

①公平貿易最低價格（能夠供應生產消耗，維持生產、生活可持續發展的價格）

②國際公平貿易標籤組織（FLO：Fairtrade Labeling Organizations International。設定國際公平貿易標準，支援生產者的組織）

③出口配額制度（以維持穩定的價格機制而對生產國的出口量進行的調整）

④國際公平貿易認證標籤（證實從生產到成品，全程都遵守國際公平貿易標準的一種標籤）

⑤公平貿易獎金（促進生產地區社會發展的資金）

⑥公平貿易認證咖啡（在日本1970年代開闢先河，並從2000年代起，企業開始銷售）

⑦公平貿易（也叫作替代性貿易，Alternative Trade。公平貿易，公平交易）

Q 得到公平貿易認證的咖啡在什麼地方有售呢？

A 舉例來說，在FLJ（進行國際公平貿易認證標籤許可業務、公平貿易宣傳普及活動的NPO法人）的官方網站上就有登載。

在其主頁上，可以按照全國分區或者按照咖啡店、餐飲店、商店等經營形態進行檢索。

在自己居住的街道是否有店鋪經營公平貿易認證的咖啡，可以按圖索驥。

問題 **08** 答案

A-③　B-⑦　C-②　D-④　E-①　F-⑤　G-⑥

第4章

咖啡烘焙‧研磨的加工學

第4章

咖啡烘焙‧研磨的加工學

咖啡豆為何要進行烘焙呢？

 為什麼**咖啡豆烘焙**之後才能喝呢？

通過烘焙這一過程，咖啡可以發揮出其清爽的苦味和獨特的芳香。

問題 01　從右側一頁①～⑦的選項中選擇填入A～G的括弧中。

　　咖啡生豆本身又苦又澀，幾乎不帶香味，但可以通過（A　　）讓咖啡豆發揮出作為嗜好品的性質。在這一加熱烹飪的過程中，最高溫度大約為（B　　）左右，隨著溫度變高，烹調過程中的聲音、形狀、顏色、香味會發生變化。（C　　）是像右圖一樣在烘焙過程中，咖啡豆高溫烘烤時發生的現象。出現啪啦啪啦的聲音時的（D　　）表明生豆已經變為烘焙豆，繼續加熱會發出嗶哩嗶哩的聲音，這是（E　　），這時候會生成油脂，咖啡豆的香醇會增加，但味道會漸漸變淡。

　　味覺方面的變化是（F　　）在繼（D　　）之後急速變淡，（D　　）和（E　　）之間產生的（G　　）會在（E　　）之後變為焦糊味。

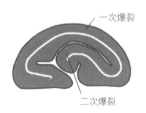

一次爆裂

二次爆裂

一次爆裂和二次爆裂發生的地方不同。（D　　）是發生在咖啡豆外側，發出的聲音比較大；（E　　）發生在咖啡豆內側，發出的聲音比較小。

問題 **01** 的選項

①爆裂音（作為烘焙階段性完成的標誌）

②220（適合烘焙的溫度在195～235度之間）

③二次爆裂（咖啡豆內的組織因加熱受到破壞，這之後豆內生成油脂成分，苦味與香醇程度增加）

④一次爆裂（通過加熱揮發性成分向咖啡豆內部組織擴散開，火候可直達咖啡豆內部）

⑤苦味（過了一定的烘焙程度繼續烘焙，甜味會轉為苦味）

⑥酸味（過了一定烘焙程度後，酸味會漸漸轉為甜味）

⑦烘焙（生豆通過用火烘烤，使豆內水分蒸發，改變內部成分的工序）

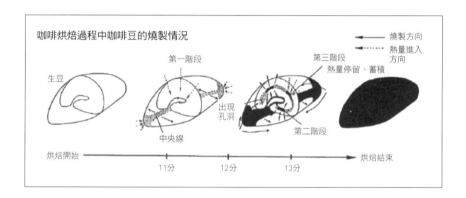

咖啡烘焙過程中咖啡豆的燒製情況

問題 **01** 答案

A-⑦　　B-②　　C-①　　D-④　　E-③　　F-⑥　　G-⑤

從右側一頁①～⑦的選項中選擇填入A～G的括弧中。

在烘焙過程中加熱與去除水分之間的相對平衡關係非常重要，伴隨著水分蒸發，咖啡豆內會發生複雜的化學反應以及組織膨脹現象。細胞的收縮和內部成分的氣化會引起膨脹，會像下圖一樣變化成（A　　）。另外，隨著烘焙程度加深，咖啡豆的組織內空洞會變大，變脆的這種現象被稱作（B　　）。正如下圖所示，在烘焙階段中深度烘焙的咖啡豆甚至會出現（C　　）這樣的空洞壁破開的現象。另外，烘焙後的咖啡豆約會減少到生豆重量的（D　　）%，體積約會膨脹到生豆的（E　　）倍。深度烘焙的咖啡豆如果內孔變形開裂，附著在孔內側的（F　　）會釋出，會成為苦味特別重的咖啡，但在品質方面沒有問題。

另一方面在烘焙過程中，水蒸氣從咖啡豆釋放時的壓力，會把咖啡生豆的（G　　）從咖啡豆上剝離下來，但仍有小部分水分會殘留在中央線等地方，吸收香味的油脂成分就會浸透其中。把咖啡豆內部的變化用簡單模型來說明的話，如右頁圖示，由於烘烤而使得咖啡成分改變，這些變化的成分會附著在空洞與空洞之間的纖維組織壁上，或以氣體形式封存在空洞中。這種成分能夠讓咖啡擁有獨特風味和口感，但同時也包含一些怪味成分，若提煉超過一定時間，往往會讓這些怪味成分釋出，因此要多加注意。

A的圖示

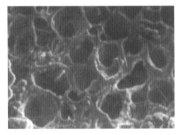

※《想知道更多的咖啡學》
旭屋出版社

每個烘焙階段產生的空洞抽象圖

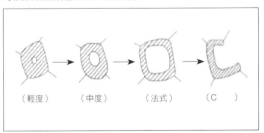

（輕度）　　（中度）　　（法式）　　（C　　）

※《想知道更多的咖啡學》
旭屋出版社

問題 **02** 的選項

①油脂成分（oil。以甘油三酯為主要成分，咖啡香味主要浸透其中）

②Chaff（咖啡內皮，銀皮。含有鹼味、澀味成分，是需要強力去除的部分）

③蜂巢結構（由0.02～0.09mm的空洞組成的蜂巢式的構造）

④1.5（讓空洞內充滿的氣體體積膨脹，促進香味成分成熟）

⑤75（烘焙程度越高水分的蒸發越多，成分被氣化，品質越輕）

⑥義式（烘焙程度在八階段中最高的咖啡稱作義式烘焙）

⑦拋光（也稱作膨化。多孔質且多處出現裂痕，使得水分更容易浸透）

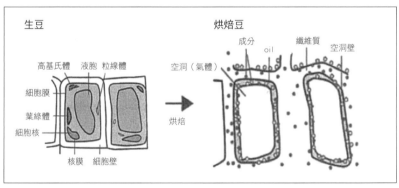

※《想知道更多的咖啡學》 旭屋出版社

A-③　B-⑦　C-⑥　D-⑤　E-④　F-①　G-②

烘焙和風味之間有著什麼樣的關係呢？

 我聽說由於烘焙的方式不同會對咖啡的口味和香氣產生很大影響哦！

 確實如此，我們最好瞭解一下咖啡豆各個**烘焙程度**相應的色澤、味道和香氣的各階段標準。

 問題 03 從右側一頁①～⑧的選項中選擇填入A～H的括弧中。

　　咖啡豆的狀態可以通過烘焙這一道工序來控制，例如控制咖啡豆原本的酸味成分和苦味成分等。烘烤咖啡豆水分就會蒸發出來，外部表面變成的茶褐色以及香味、風味會因為烘焙程度不同而有所不同，因此一般情況下會把烘焙的程度分為淺度烘焙、中度烘焙和深度烘焙三個階段，更加細分的話會分成八個不同階段，每個烘焙度都有不同名稱，並且和味道、香氣的特徵相對應。

	烘焙程度	味道、香氣的特徵	焙時間・L值
淺度烘焙	A	略微著色，酸味突出，幾乎沒有香醇味。	烘焙12分鐘 L值：30.2
	B	全體變成褐色。酸味較強，苦味略顯不足。	烘焙13分鐘 L值：27.3
中度烘焙	C	茶褐色。主要味道為酸味，但也有輕微苦味。	烘焙15分鐘 L值：24.2
	D	較深的茶色。在日本屬於最流行的一種。酸、苦、甜的平衡度較好。	烘焙17分鐘 L值：21.5
深度烘焙	E	鮮亮的咖啡色。與D同樣也非常流行，酸味稍稍弱一些，能夠感覺到苦味和香醇。	烘焙18分鐘 L值：18.5
	F	深巧克力色，酸味少，苦味稍強。	烘焙19分鐘 L值：16.8
	G	幾乎沒有酸味，苦味與香醇突出，即便加入牛奶也會有濃厚的咖啡味道。	烘焙19.5分鐘 L值：15.5
	H	表面光亮浮有油脂。無任何酸味，擁有濃厚的苦味和香味。	烘焙20分鐘 L值：14.2

L值用色差值來測量烘焙顏色，表示明亮度的一種數值（白色為100，黑色為0）。表內為大概數值。

問題 03 的選項

①中度烘焙（Medium Roast）（又稱美式烘焙，適合做美式淺焙咖啡。）

②淺烘焙（Light Roast）（不太適合飲用，多用於烘焙測試和試用）

③深度烘焙（High Roast）（比較適合常規咖啡）

④肉桂烘焙（Cinnamon Roast）（若是本身帶有優質酸味的咖啡豆，可以用於做黑咖啡）

⑤法式烘焙（French Roast）（比較適合做牛奶咖啡等調製咖啡）

⑥城市烘焙（City Roast）（因在紐約特別受歡迎而取的名字。適合做常規咖啡）

⑦義式烘焙（Italian Roast）（適合做濃縮咖啡和卡布奇諾）

⑧深度城市烘焙（Full-City Roast）（適合做冰咖啡和義式咖啡）

咖啡小知識

【美式淺焙咖啡】

美式淺焙咖啡是用淺度烘焙的咖啡豆沖泡的咖啡。有很多人認為是加入較多熱水使得口味清淡，實際上是烘焙的時候烘焙程度較淺而使得該咖啡苦味淡易入口。另一方面，咖啡因會隨著烘焙程度加深而減少，因此淺度烘焙的美式淺焙咖啡中就含有較多的咖啡因。「美式淺焙咖啡」是在日本範圍內使用的稱呼，世界標準的咖啡品鑑師用語當中並不存在，在這方面需要加以注意。

問題 03 答案

A-② B-④ C-① D-③ E-⑥ F-⑧ G-⑤ H-⑦

問題04 從右側一頁①～⑦的選項中選擇填入A～G 的括弧中。

　　咖啡經過烘焙變成大眾的嗜好飲品，在全世界深受喜愛。歐洲地區在1800年之前，主要是在家庭中烘焙生豆，或是承襲阿拉伯的（A　　　）的飲用習慣，沒有大量烘焙的需求，因此烘焙用的機器沒有太大的進步。1864年美國的（B　　　）和1868年德國的（C　　　）開發的烘焙機成為現代專用機器的原型，1900年的（D　　　）的開發和普及也發揮了重要作用。如下圖所示，烘焙機主要分為三種類型。1888年英國設計出把煤氣燃燒噴嘴設置在滾筒的下面，燃燒加熱滾筒的方式（近似於（E　　　））。1899年左右又研製出其改良型，是一種為了讓煤氣燃燒的熱量從單側進入滾筒，而使用鼓風機把熱量吸引至滾筒內的方式（近似於（F　　　））。1901年美國研製出了在滾筒下單獨製作一個放置煤氣燃燒噴嘴的燃燒室，再把熱量傳輸進滾筒的方式（近似於（G　　　））。

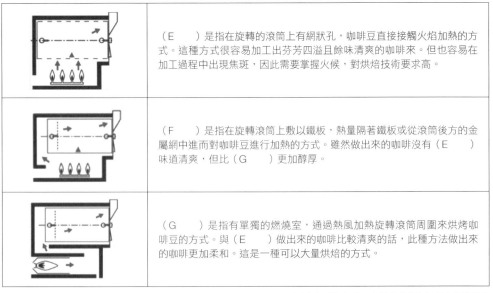

	（E　　　）是指在旋轉的滾筒上有網狀孔，咖啡豆直接接觸火焰加熱的方式。這種方式很容易加工出芳芳四溢且餘味清爽的咖啡來。但也容易在加工過程中出現焦斑，因此需要掌握火候，對烘焙技術要求高。
	（F　　　）是指在旋轉滾筒上敷以鐵板，熱量隔著鐵板或從滾筒後方的金屬網中進而對咖啡豆進行加熱的方式。雖然做出來的咖啡沒有（E　　　）味道清爽，但比（G　　　）更加醇厚。
	（G　　　）是指有單獨的燃燒室，通過熱風加熱旋轉滾筒周圍來烘烤咖啡豆的方式。與（E　　　）做出來的咖啡比較清爽的話，此種方法做出來的咖啡更加柔和。這是一種可以大量烘焙的方式。

此表根據《想知道更多的咖啡學》旭屋出版社製作

問題 **04** 的選項

①直火式烘焙（咖啡豆放在網狀滾筒當中，因此火焰會通過孔穴直接接觸咖啡豆，容易產生焦斑）

②埃梅裡希公司（擁有空氣鼓風機、火力調節器、排氣裝置等現代化裝置）

③巴恩斯公司（通過旋轉、攪拌滾筒式的烘焙容器，能夠自動取出咖啡豆）

④咖啡儀式（阿拉伯家庭中的咖啡飲用文化）

⑤半熱風式烘焙（基本構造與直火式烘焙相同，吸入熱風的方式與熱風式烘焙相同）

⑥熱風式烘焙（即便提高溫度也不容易焦糊，烘焙時間比直火式和半熱風式短）

⑦真空包裝（使用空氣泵把包裝內空氣抽空，以防包裝內物品氧化造成品質降低）

Q 炭燒是什麼？

A 炭燒指的是使用炭火而不是煤氣作為熱源的一種烘焙方式。使用炭燒方式，炭的遠紅外效果會讓熱量直達咖啡豆內，烘烤地比較透徹，因此烘焙出來的咖啡豆往往會有非常濃郁和醇厚的風味。另外咖啡上還會沾上炭火的香味，因此做出來的咖啡風味獨特。

問題 **04** 答案

A-④　B-③　C-②　D-⑦　E-①　F-⑤　G-⑥

烘焙會對咖啡豆成分產生怎樣的影響？

咖啡生豆在烘焙時受熱會發生變化嗎？

咖啡豆種含有的各種成分所發生的變化，會對風味產生巨大影響。

問題 **05** 從右側一頁①～⑦的選項中選擇填入A～G
的括弧中。

　　咖啡中的成分（A　　　）比較耐熱，在烘焙的過程中其含量幾乎不會發生變化，與咖啡
豆的其他主要成分相比較正如右圖圖示。（B　　　）的含量占咖啡豆的5～10%左右，在烘
焙中含量會減半，這與咖啡豆酸味減弱有關。與咖啡因一樣同屬生物鹼的（C　　　）在咖
啡生豆中含量為1%左右，在烘焙過程中會損失過半。其中一部分經熱分解成為水溶性維生
素（D　　　），是咖啡甜味成分的一種。這種成分屬於（E　　　），因此烘焙過程中含量會
有所增加，因此在（F　　　）中含量比較多。另外（C　　　）也會受熱分解變成這種成分。
再有像（G　　　）這種低分子糖類物質在烘焙過程中幾乎消失殆盡。

A的化學式

B的化學式

C的化學式

D的化學式

問題 05 的選項

①深度烘焙咖啡（烘焙程度較高苦味較重的咖啡。參考第4章問題03）

②胡蘆巴鹼（受熱分解會轉化為菸鹼酸）

③菸鹼酸（也叫尼古丁酸（Niacin）。是咖啡甜味成分的一種）

④蔗糖（由葡萄糖和果糖結合形成的二糖類物質）

⑤咖啡因（帶有苦味的無色晶體，在綠茶、紅茶中也含有的一種生物鹼）

⑥綠原酸（低分子化合物，具有酸味和淡苦味）

⑦維生素B3（建議成人一日攝取量不能低於十幾毫克）

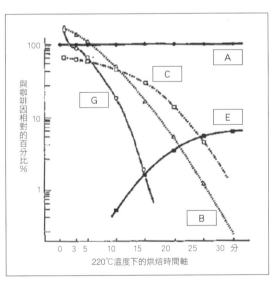

※「烘焙中的成分（一部分）化學變化」
資料來源：岡希太郎先生

問題 05 答案

A-⑤　B-⑥　C-②　D-⑦　E-③　F-①　G-④

 **問題 06** **從右側一頁①～⑦的選項中選擇填入A～G的括弧中。**

　　咖啡生豆通過烘焙這一過程，就會發生諸如糖物質轉化成焦糖物質等的複雜化學變化，生成各種各樣的風味成分。來源於油脂的脂肪酸與胺基酸、蛋白質等反應所形成的香氣成分硫化物。這種香氣屬於品質高的香氣，但若烘焙時間過長，就會產生令人不快的風味。從焦糖中可以生成大量的（A　　　），但一旦加入牛奶，就會溶解在牛奶的脂肪成分，幾乎不再起作用。從蛋白質和胡蘆巴鹼等中可以生成（B　　　）和（C　　　）這種香氣成分。另外，從綠原酸中可以生成（D　　　）系的香味。烘焙時間越長產生的量越大，就會變成帶有苦澀味的咖啡。

　　烘培的過程中，咖啡豆會膨脹、在一次爆裂結束後以中度烘培到二次爆裂之間，咖啡風味將有很大的轉變。

　　在味覺方面，烘焙時間越長，酸味就會越淡，苦味會增加。

　　於香氣方面，如果是淺度烘焙，就會明顯感受到來源於生豆的（E　　　）系風味，隨著咖啡豆的烘烤程度加深，來源於烘焙的（F　　　）系風味會變重。進入到深度烘焙後，稱做二次爆裂的嗶哩嗶哩的聲音會變得激烈，咖啡豆的溫度會因為豆本身的發熱反應而不斷上升，（G　　　）的風味會越來越強烈。在二次爆裂結束後的極深烘焙階段，就會變成苦味為主的風味。

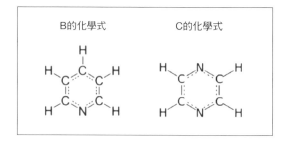

問題 06 的選項

①水果（也有花和香草類的香味）

②酚類（非常明顯的像肉桂一樣的香味）

③焦糖（像巧克力一樣的香味）

④煙燻（黑巧克力一樣的香味）

⑤吡嗪（像玉米一樣的香味，但帶有堅果的焦糊味）

⑥吡啶（量多的情況下有奶油的香味，量少的情況下有吐司的香味）

⑦呋喃化合物（大蒜中含有的硫化物有抑制口臭的作用）

成分	烘焙豆	萃取液
水分	2.2g	98.6g
蛋白質	12.6g	0.2g
脂肪	16.0g	極微量
碳水化合物	46.7g	0.7g
礦物質	4.2g	0.2g
鈣	120mg	2.0mg
磷	170mg	7.0mg
鐵	4.2mg	極微量
鈉	3.0mg	1.0mg
鉀	2000mg	65mg
維生素B$_2$	0.12mg	0.01mg
菸鹼酸	3.5mg	0.8mg

左表是100g煮沸的咖啡中含有的成分表。可以看出烘焙豆的狀態和萃取液中的成分含量，有很大差別。

※根據「日本食品標準成分表第四次修訂（烘焙豆）、第五次修訂（萃取液）」

問題 06 答案

A-⑦ B-⑥ C-⑤ D-② E-① F-③ G-④

烘焙後的咖啡豆為何要研磨呢？

 在咖啡店磨咖啡豆的時候就會聞到特別好聞的味道。

 通過研磨可以把咖啡顆粒的表面積擴大，從而引出味道和香氣。

 **問題 07** 從右側一頁①～⑦的選項中選擇填入A～G
的括弧中。

　　咖啡若是烘焙豆的狀態就很難將精華萃取出來，需要通過磨豆工具進行（A　　　）。
如果以烘焙豆的狀態進行萃取，其精華的萃取量很小且缺乏香味，使用研磨機把咖啡豆
研磨成顆粒狀，能夠使表面積擴大1000倍以上，萃取效率和速度就會明顯提高。研磨的
標準，是與日本咖啡公平交易協會所示的砂糖粒相比較，所得出的大概標準，實際請參
見附表。

　　咖啡豆的研磨方法，會根據萃取工具的不同而使得磨出的咖啡粉粗細不同。例如，
（D　　　）適合在家庭或職場上的濾紙滴漏，而（F　　　）則比較適合沖泡義式濃縮。在
磨豆的時候，特別需要注意的是磨出來的顆粒要大小均一，儘量減少摩擦產生的熱量，
儘量減少微粉，這些都有可能影響品質。但仔細觀察右圖中研磨後的顆粒大小分布資
料，如果想磨成1mm大小的顆粒，大小正好是1mm的顆粒也不過占（G　　　）%左右。

B	C	D	E	F
粗晶糖或更粗的程度	粗晶糖或更粗的程度	介於中粉和細粉之間	砂糖和細砂糖之間的粗細	細粉以下的粗細

問題 07 的選項

①中細度研磨（Medium Fine Grind。適合濾紙滴漏式、虹吸壺等）

②中度研磨（Medium Grind。適合法蘭絨滴漏、法壓壺等）

③粗磨咖啡（Dripper Grind。適合咖啡滲濾壺）

④研磨（Grind。研磨工具叫做咖啡研磨機、磨粉機。）

⑤極細研磨（Extra Fine Grind。適合義式濃縮咖啡機。）

⑥細度研磨（Fine Grind。適合做冰滴咖啡）

⑦30（以目標大小1mm為最高點，顆粒大小呈波狀分佈）

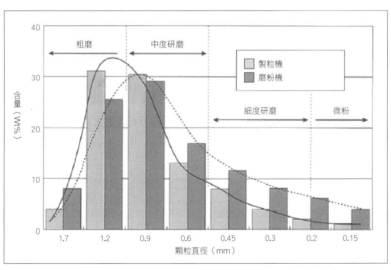

資料來源《想知道更多的咖啡學》旭屋出版社

問題 07 答案

A-④　B-③　C-②　D-①　E-⑥　F-⑤　G-⑦

（A　　　）作為研磨咖啡豆的工具大致可分為手動式和電動式，特點及優缺點大概整理
如下。

	手動式	電動式
特點	轉動手柄使在研磨缽中的咖啡豆成粉	有搗碎咖啡豆的研磨型和刀片切碎型
優點	外形別緻，可以作為室內陳設。價格便宜，也可以節約用電	能夠短時間磨出比較均勻的咖啡粉，使用起來比較順手。研磨較多人份的時候也比較省力
缺點	咖啡粉很難研磨得大小均勻，如若研磨較多人份的咖啡需要花費大量時間	與手動相比價格貴。在研磨過程中因為摩擦熱有可能會影響風味

　　顆粒大小是否穩定，將會很大程度上對咖啡口味造成影響。研磨後的咖啡顆粒每一個顆
粒上都有（B　　　），顆粒小空隙少的（C　　　）接觸外界空氣的空隙比例就會相對較高，
容易發生氧化，因此最好盡力去除。大致而言，咖啡豆磨得越細苦味就會越重，磨得越粗
就越容易有酸味。

　　另外，研磨出來的顆粒大小不一樣，咖啡萃取的時間和選用的工具也會不一樣，因此提
前瞭解適合不同粗細咖啡粉的萃取工具非常必要。

　　例如，粗磨和中度研磨適合（D　　　），中度研磨和中細研磨適合（E　　　），中細研磨
和細磨適合（F　　　），極細研磨適合（G　　　）。

問題 **08** 的選項

①義式濃縮機（利用沸騰的蒸氣壓力萃取口味濃重的咖啡）

②微粉（顆粒度小的咖啡粉，如果量過多就會萃取過度而產生澀味等雜味）

③蜂巢結構（咖啡成分附著在外形似蜂巢一樣的結構上）

④紙濾滴漏（初學者也能輕鬆沖泡的一種方式，濾紙使用完即可丟棄，方便又衛生）

⑤咖啡研磨機（Mill）（家庭裡用的一般為Mill，商務用一般叫做Grinder）

⑥法蘭絨滴漏（18世紀左右開始在法國使用，能夠品味到醇厚的美味）

⑦虹吸壺（誕生於蘇格蘭，利用空氣壓力的一種萃取方式）

Q 研磨咖啡豆應該注意哪幾方面？

A 需要注意的有以下幾個方面：

1. 研磨度大小一致：研磨方式對萃取影響很大，研磨顆粒有大有小的話，在注入熱水時會萃取得不均勻，沖泡出來的風味不佳。

2. 儘量減少摩擦熱：在研磨過程中，咖啡研磨機的齒輪與咖啡豆之間，或是咖啡顆粒之間會摩擦生熱。這些熱量會影響咖啡口感。

3. 儘量減少微粉：不論用什麼樣的研磨工具都會多多少少產生微粉，儘量減少微粉會減少對咖啡風味的影響。

問題 **08** 答案

A-⑤　B-③　C-②　D-⑥　E-④　F-⑦　G-①

第**5**章

萃取咖啡的科學

第 5 章

萃取咖啡的科學

咖啡成分是怎樣萃取出來的？

 聽說咖啡風味會受到萃取咖啡成分時的技術影響？

 在提取成分時的訣竅，理解**萃取程序**也是相當重要的。

 **問題 01** 從右側一頁①～⑦的選項中選擇填入A～G 的括弧中。

所謂的萃取，是指研磨後的咖啡粉與熱水接觸提取咖啡精華的過程。萃取會使用到滴漏、虹吸壺、義式咖啡機等各種各樣的工具，除（A　　）以外，其它萃取方式原理相同。在這裡之所以用「原理」一詞，是因為萃取過程並不是咖啡成分與熱水一起流下來即可。我們以滴漏式為例，過程如下：

①注入熱水後咖啡粉會因受潮而膨脹起來，空洞內封存的氣體（B　　）會被釋放出來生成泡沫。

②從位於蜂巢狀結構的（C　　）纖維組織部分溶解出咖啡成分，變成濃稠液體。

③繼續注入熱水，最初生成的濃稠液體開始與新注入熱水後生成的濃稠液體融合，非常濃厚的（D　　）會繼續向注入熱水變淡的液體方向移動，是這樣一種原理在發揮作用。

另一方面，（A　　）與上述只溶解咖啡粉表面成分的萃取方法相比，能夠在短時間內沖泡出濃厚的咖啡來。這種咖啡會倒入叫做（E　　）的杯子中飲用，咖啡表面細膩的泡沫（F　　），發揮了封存（G　　）的作用。

問題 01 的選項

①蜂巢結構（由空洞、空洞壁以及纖維組織構成）

②Aroma（「芬芳」的意思。萃取義式濃縮時，留存在細膩的泡沫下）

③小型咖啡杯（大概是普通咖啡杯一半（Demi）的大小）

④二氧化碳（也包含部分水蒸氣）

⑤氣泡（Crema。主要由烘焙豆種保存的二氧化碳生成）

⑥精華（咖啡萃取時最初出現的濃稠液體）

⑦義式濃縮（高溫高壓的熱水浸透咖啡粉內部，溶解出成分的萃取方法）

Q　請介紹一下蜂巢結構與萃取之間的關係吧？

A　在烘焙豆的空洞和纖維質中，保存著影響咖啡風味中好的成分和不好的成分。是否能夠擠出附著在蜂巢結構的空洞壁上的碳酸氣體非常重要。因此為了讓氣體充分釋放出來，在注入熱水時動作要緩慢謹慎，就能比較容易地萃取出好的成分來。

問題 01 答案

A-⑦　B-④　C-①　D-⑥　E-③　F-⑤　G-②

問題 02 從右側一頁①～⑦的選項中選擇填入A～G 的括弧中。

　在磨豆時，首先要注意的就是不要有雜物混入，這會成為萃取後感覺到有鹼味和澀味的原因。例如，（A　　）就會在萃取時堵塞濾眼導致濃度不均一；（B　　）就會影響口味，因為過度萃取而使得多餘成分出現最終導致咖啡渾濁；在烘焙過程中出現的（C　　）氣體會導致咖啡出現雜味，因此要儘量用心去除。

　除此之外，我們用右側的模型說明一下顆粒度不均一，會對咖啡風味產生的影響。在研磨咖啡豆的時候，顆粒大小不均一，在一定程度上都會發生，這些立方體就會緊緊黏連在一起。在（D　　）中咖啡粉中浸透熱水的情景，就像是阿彌陀籤（譯註：臺灣稱鬼腳圖）一樣任意穿過無數的空洞中心不斷往下流動的樣子。這時候注入熱水的話，小顆粒的咖啡粉的空洞可能一下就會變空，或者是萃取的咖啡口感上水氣太重，甚至不想萃取的成分都會被萃取出來。

　在滴漏式的試驗中，我們對應注入熱水的次數，來看一下擁有藥用作用的成分（E　　）的濃度會發生多大程度的變化。結果發現，第二次注入熱水時濃度減半，到第五次時已經減到了三成。從這一點來看，咖啡顆粒比較細的情況，萃取成分中最重要的也就是第一次和第二次注水。由此而言，（F　　）與多次注水的滴漏式不同，而是使用高溫、高壓在短時間內一次性萃取，因此使用（G　　）的咖啡豆合情合理。

問題 02 的選項

①蜂巢結構（在烘焙豆的空洞中附著著咖啡的香味成分和精華）

②義式濃縮（萃取時間短，能避免雜味出現）

③微粉（研磨過程中出現的顆粒直徑小於0.15mm的微粉）

④極細研磨（咖啡研磨至像白砂糖一樣粗細的研磨方式。參考第4章問題07）

⑤糠（Chaff，在烘焙過程中出現的燃渣或薄皮等。參考第4章問題02）

⑥銀皮（包裹咖啡豆的薄皮。參考第1章問題02）

⑦咖啡因（擁有興奮神經、強健心臟、利尿等的作用）

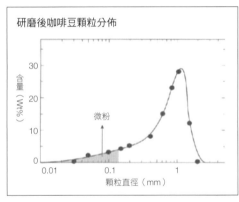

※轉載自《想知道更多的咖啡學》

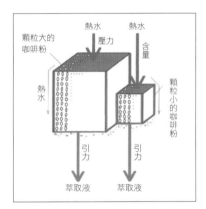

※轉載自《想知道更多的咖啡學》

問題 02 答案

A-⑥　B-③　C-⑤　D-①　E-⑦　F-②　G-④

萃取方法和選用工具上有什麼需要注意的嗎？

咖啡豆研磨完進行**萃取**的時候，會有什麼關聯？

是否選擇了與研磨方式相應的**萃取**工具，這是左右咖啡味道的一大條件，因此要多加注意。

從右側一頁①～⑦的選項中選擇填入A～G 的括弧中。

問題 **03**

　　咖啡的萃取方法，大致可以分成兩種，一種是咖啡粉與熱水一起混合萃取成分的（A　　），另一種是熱水浸透咖啡粉萃取成分的（B　　）。但歷史上在十八世紀之前的主流都是在一種叫做伊布裡克（Ibrik）的容器中煮咖啡，稱之為（C　　）。這種咖啡研磨地非常細，與水一起加熱飲用，因此（D　　）與前文中的兩大分類，一般是會區分開來的。這種咖啡不經過濾網，而是直接讓咖啡渣在底部沉澱，只飲用上面澄清的部分。後來為了不喝到咖啡渣而進行了多種鑽研，發明了各式各樣的萃取方法和工具。十九世紀中期，在法國開發出來了一種新的萃取方法（E　　），可以根據添加咖啡粉的量、水溫及注水方式不同，品味到不同風味的咖啡。當時使用的是金屬製過濾器，後來又慢慢發展出現了法絨布及紙質等過濾材質。1830年由英國的造船技師內伯發明了（F　　）萃取法，加熱密閉的燒瓶，然後把沸水注入盛有咖啡粉的容器內，停止加熱的話咖啡液體會因氣壓差而回流。19世紀後半段，於法國發明並在義大利完成的（G　　）萃取方法，把研磨得非常細的咖啡粉放在手持過濾器中，用力壓實，再讓高壓蒸氣從中通過，瞬間萃取咖啡。為了配合以上這些不同萃取方法適用的工具，咖啡豆的研磨度亦訂下標準，就像右頁表格當中分為粗磨、中度研磨、細磨和極細研磨。

問題 03 的選項

①滴漏（包括水滴式、濾紙滴漏、法蘭絨滴漏等）

②蒸煮法（在法國發明的一種蒸煮法，經過濾後飲用）

③浸透法（包括虹吸壺、法壓壺、咖啡滲濾壺、比根咖啡等）

④義式濃縮（包括義式濃縮機、直火式馬新內塔等）

⑤土耳其式蒸煮咖啡（受鄂圖曼土耳其影響的國家至今仍在使用的萃取法）

⑥穿透法（包括法蘭絨滴漏、濾紙滴漏、滴漏式、義式濃縮等）

⑦虹吸式（這是現代的稱呼，日本大正時代被稱作賽風壺（Coffee Siphon））

（3～4人用）

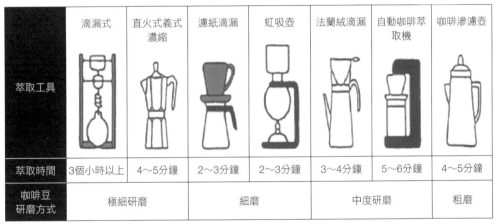

萃取工具	滴漏式	直火式義式濃縮	濾紙滴漏	虹吸壺	法蘭絨滴漏	自動咖啡萃取機	咖啡滲濾壺
萃取時間	3個小時以上	4～5分鐘	2～3分鐘	2～3分鐘	3～4分鐘	5～6分鐘	4～5分鐘
咖啡豆研磨方式	極細研磨		細磨		中度研磨		粗磨

※資料來源於《想知道更多的咖啡學》旭屋出版社

問題 03 答案

A-③ B-⑥ C-⑤ D-② E-① F-⑦ G-④

　　咖啡的風味往往由以下幾個方面決定：咖啡生豆是否優質，是否恰當地烘焙，烘焙好的
咖啡豆是否趁著新鮮研磨成粉，在萃取時是否手法高超順序得當。整個過程中與咖啡口味
的苦和酸有著緊密連繫的四項條件羅列於右表當中。

　　在（A　　）這一方面，淺度烘焙酸味重，深度烘焙苦味重。其次，在（B　　）方
面，速度快的話酸味重，速度慢的話苦味會變重，但如果注入熱水的時間過長的話，就會
把一些影響口感的成分沖泡出來。另外，在（C　　）方面，顆粒粗的話濃度低，酸味也
比較淡一些，而研磨細緻的話濃度就會高且苦味變重。此外在（D　　）方面，如果水溫
低，咖啡成分就不能充分萃取，酸味就變重，但溫度過高的話，沖泡出來的味道就不光苦
味，連同雜味也會變重。

　　另一方面，對味道產生重大影響的水方面，比較適合沖泡咖啡的是較容易溶解的
（E　　）。像礦泉水這種非加熱的水，以及水管裡經過淨水器淨化去除雜質的水，這
兩樣在煮沸後都比較適合沖泡咖啡。以上這些都是使用日本國內的水，在（F　　）比
較普遍的歐洲，就要使用與其相應的烘焙和萃取方法，從更加凸顯苦味這一點來看，
比較適合（G　　）。

問題 04 的選項

①水溫（與淺度烘焙相比，深度烘焙更加適合較高的水溫）

②硬水（含有鈣和鎂等更多的礦物質很難吸收咖啡因）

③軟水（含有的礦物質較少，口感柔和）

④義式濃縮（使用酸味較少、苦味較重的深度烘焙咖啡豆，經極細研磨後萃取）

⑤烘焙程度（也叫作烘烤度。使用表示明度的L值來表示。參考第4章問題03）

⑥研磨度（指咖啡粉的粗細（Mesh）。研磨度越粗香味越容易出來）

⑦萃取速度（熱水通過咖啡粉的速度）

咖啡風味相關的條件	苦味	酸味
（A　　）	深 ◄─────► 淺	
（B　　）	慢 ◄─────► 快	
（C　　）	細 ◄─────► 粗	
（D　　）	高 ◄─────► 低	

問題 04 答案

A-⑤　B-⑦　C-⑥　D-①　E-③　F-②　G-④

在滴漏式萃取中在哪些方面比較重要？

 在德國發明的**濾紙滴漏**是怎樣一種方式呢？

 用**濾紙**吸收多餘的雜味，是一種簡便的沖泡美味咖啡的萃取方法。

 **從右側一頁①～⑦的選項中選擇填入A～G的括弧中。**

在咖啡萃取中最為流行且最基本的萃取方法可以説是（A　　　）。

我們以濾紙滴漏為例來説明一下。在注入熱水的時候儘量不要倒在濾紙上，而是小心地注入，頂起像半個乒乓球大小的（B　　　）。如此一來咖啡味混入其中的（C　　　）就會朝著濾紙擴散並短暫積存，只有美味的成分會滴落下去。

我們按照萃取步驟説明一下要點。將咖啡粉放入紙質過濾器，注入熱水後從底往上分大致為三層（最下層為（D　　　），中間層為咖啡粉，最上層為（C　　　））。如果萃取液開始從過濾器中吧嗒吧嗒往咖啡壺滴落，就如同倒扣的碗朝（B　　　）上以畫圈的方式慢慢注入熱水，畫出的圓圈由小變大，這樣的注水方式更容易把雜味成分推擠到周邊。另外，這時覆蓋著咖啡粉的（E　　　）也會為把這部分成分包裹起來。就像在右方萃取圖中表示的那樣，在這個過程中非常重要的（F　　　）中發生了變化——咖啡粉在熱水的蒸氣下會膨脹開來，咖啡粉中含有的（G　　　）會慢慢變大。在這個空洞中存有的氣體被熱水推擠出來形成豐富的香氣，與此同時構成空洞的纖維質部分也會變軟分解，包含在纖維質內的成分也會被溶解出來作為（D　　　）積存在下方。

問題 **05** 的選項

①浮沫（在瀝乾杯中存留的熱水澄清層上的白色泡沫）

②蜂巢構造（烘焙豆的香味成分都附著在多孔質的內壁上。參考第4章問題02）

③開水潤濕（用熱水把咖啡粉表面弄濕稍微等待一會。大約等待30～40秒）

④蘑菇頂（新鮮度較高的咖啡，在萃取時會沖出碳酸氣體而膨脹起來）

⑤滴漏（使用濾紙和法絨布過濾咖啡。參考第5章問題01）

⑥泡沫（新鮮度高的咖啡會產生大量的均一泡沫）

⑦精華（茶褐色萃取液體。參考第5章問題01）

滴漏萃取過程中的想像圖

濾杯

C

粉

D

咖啡壺

基本分為三層， E 當中含有 C 和浮沫成分。

問題 **05** 答案

A-⑤ B-④ C-① D-⑦ E-⑥ F-③ G-②

問題 06 從右側一頁①～⑦的選項中選擇填入A～G的括弧中。

　　在萃取咖啡時，把最初出現的幾滴咖啡含在口中，就會有類似於糖漿的口感，回味無窮，被稱作（A　　　），如果能夠把這種魅力最大限度地萃取出來，將會成為最美味的咖啡。從近年的流行趨勢來看，科學家們著力解決如何萃取咖啡的優質成分，而使用高速色層分析法來觀察成分變化，下面我們就分析結果進行簡單說明。

【烘焙程度與萃取成分】

　　萃取後咖啡空洞壁表面之所以變得平滑，是因為附著在上面的成分被溶出，但不論烘焙程度怎樣，都只有（B　　　）成的成分被萃取出來。

【開水浸潤時間與萃取成分】

　　我們改變開水浸潤時間，觀察萃取成分有何變化，發現當浸潤時間是（C　　　）秒的時候，萃取程度相對較高，被認為是最適合萃取精華咖啡的時間。另外，若按照不同的烘焙程度，在氣味、香醇度、味道等方面同時進行研究，比較各種條件下最適宜的水溫，發現按照（D　　　）、（E　　　）、（F　　　）烘焙度加深，水溫越低香味越濃，越容易沖泡出香醇的咖啡來。

　　另外，在咖啡成分中經常作為熱議話題，關於成分萃取方面，我們考察了注水次數與咖啡因、綠原酸、咖啡酸的萃取濃度之間的關係。發現不論哪種成分都是在第二次注水時其濃度會變為第一次的（G　　　）%，到第十次注水時濃度已經減到了第一次的10%左右。除此之外，為了能萃取更多擁有抗氧化作用的綠原酸，咖啡豆要中度研磨，在滴漏過程中則要充分潤濕，注入熱水時要儘量放慢，才能使沖泡出來的咖啡綠原酸含量高。

問題 06 的選項

①中度烘焙（Medium Roast、High Roast。參考第4章問題03）

②30～40（不論是在書籍中記載的、還是實際操作中的、大多是這種程度）

③精華咖啡（在萃取最開始用以做為成分分析實驗，濃度、香味極高的咖啡液）

④深度烘焙（City Roast、Full-City Roast、French Roast、Italian Roast。參考第4章問題03）

⑤淺度烘焙（Light Roast、Cinnamon Roast。參考第4章問題03）

⑥50（也就是說咖啡萃取前期非常重要）

⑦1（實驗結果顯示，不論哪種成分在萃取中含量都會下降）

問題 06 答案

A-③　B-⑦　C-②　D-⑤　E-①　F-④　G-⑥

請稍述咖啡的萃取工具和相應的特徵

 我只知道**滴漏式**的萃取方式，咖啡應該有各式各樣的萃取工具的吧？

 根據各國的不同飲用習慣，都有不同的萃取工具，嘗試一下甚至可以品味到當地的**文化**的芬芳哦！

 **問題 07** 從右側一頁①～⑧的選項中選擇填入A～H的括弧中。

　　咖啡萃取的方法每個國家都有各自特色，下面我們來看一下各種工具的特點吧！

【滴漏】包括1908年由德國的梅莉塔夫人發明的（A　　）和18世紀法國發明的（B　　）等，通過過濾萃取的方式。

【（C　　）】在擁有獨特外型鋁製的金屬過濾器中放入咖啡粉，以滴漏的方式萃取，在當地國家稱作「Cafe Den」。

【（D　　）】由義大利開發，把深度烘焙的咖啡豆研磨成極細粉，放入過濾器中，再用9大氣壓噴入水蒸氣，瞬間完成萃取的方式。

【（E　　）】1840年由英國開發，在酒精燈上加熱燒瓶，燒瓶內的熱水就會推壓進放入了咖啡粉的漏斗，若火勢減弱熱水又會重新滴落入燒瓶，煮沸後過濾的一種萃取方式。

【（F　　）】攪拌咖啡粉和熱水，按壓叫做活塞的過濾器進行萃取的浸透式萃取方式，也叫作法壓壺萃取。

【（G　　）】由荷蘭研發，是一種需要花費長時間在水中萃取的浸透方式，能夠提取出無任何渾濁，非常澄清的味道。也叫荷蘭咖啡。

【（H　　）】使用像長勺子一樣帶有長柄的純銅或黃銅質萃取工具（Ibrik或Cezve）煮沸萃取的方式。

問題 **07** 的選項

①虹吸壺（製作咖啡的過程中也有賞心悦目的表演效果）

②土耳其式咖啡（不使用過濾器只喝上層清澈的部分）

③冷沖咖啡（也叫水滴漏式、接觸式）

④濾紙滴漏（研磨後的咖啡豆放入濾紙再注入熱水的萃取方式）

⑤法蘭絨滴漏（使用法絨布作為過濾器進行萃取。舌尖的感受比較潤滑）

⑥咖啡濾壓壺（在日本作為沖泡紅茶的工具而廣受喜愛）

⑦越南式咖啡（使用三層專用過濾器萃取出來的咖啡）

⑧義式濃縮機（1901年由梅潔拉構思，1905年由帕沃尼開發）

Q 除了土耳其式咖啡和越南式咖啡，還有以某某式咖啡稱呼的嗎？

A 土耳其式咖啡和越南式咖啡都是有其獨特的沖泡方法。另外，還有叫做衣索比亞式的咖啡，在傳統習俗中把飲用咖啡作為一種儀式禮節（Coffee Ceremony）。在接待非常重要的客人或祭祀時進行。在客人面前從烘焙咖啡豆開始，以規定的順序和獨特的工具進行沖泡，因為正式的儀式需要喝三杯，因此整個儀式需要花費兩個小時以上。

問題 **07** 答案

A-④　B-⑤　C-⑦　D-⑧　E-①　F-⑥　G-③　H-②

 **問題 08** 從右側一頁①～⑦的選項中選擇填入A～G
的括弧中。

在萃取過程中會使用到各式各樣不同的工具，整體上來說萃取時間和咖啡濃度有一定的
關係。能夠短時間萃取出濃厚咖啡的是（A　　）。雖有簡易的馬新內塔這種工具，但使
用機器的話在20～30秒間就能把成分萃取出來。

沖泡比較方便簡易的是（B　　），萃取時間、水溫、咖啡量等都比較容易調節，可以
按照個人喜好沖泡出不同濃度的咖啡。

時間與結果是相對的，利用高溫萃取出較佳的風味，可以利用（C　　）煮好一杯濃郁
的黑咖啡。

花費好幾個小時只萃取美味成分的方法是（D　　），味道柔和，苦味也不易釋出，水
的品質直接影響著咖啡的味道。

不需要花費太多時間，根據咖啡粉的量和研磨度能夠比較輕易地調整味道，只需調整熱
水的量，就能使得咖啡口味富於變化的是（E　　）。

（F　　）不需要花費大量時間，在咖啡壺中放入咖啡粉和熱水，只需等待即可的簡易
萃取法，這種方法會溶出咖啡油，咖啡口味雖然很淡但口感很濃重，是一種比較特殊的口
味。

要想讓咖啡美味，必須選擇優質的咖啡豆，選擇發揮其風味的烘焙方式，再選擇適合自
己口味的研磨方法，更選擇只提取好的成分之萃取方法，這四點非常重要。為了飲用時的
美味，經過嚴格品質管理的咖啡，才可以稱得上是（G　　）。

問題 08 的選項

①愛樂壓（盛入咖啡粉注入熱水壓縮空氣進行萃取）

②義式濃縮（深度烘焙的咖啡豆研磨至極細，沸水加壓過濾的形式萃取）

③咖啡濾壓壺（也叫法壓壺。可以品味到咖啡原本的味道）

④滴漏咖啡（使用布或紙作為過濾器，放入研磨好的咖啡粉，注入熱水進行過濾的咖啡）

⑤精品咖啡（From Seed to Cup 的概念。參考第2章問題06）

⑥冷沖咖啡（是一種比較難以溶出咖啡因的萃取方式）

⑦虹吸壺（利用氣壓萃取咖啡，其萃取過程是一個欣賞度比較高的萃取方法）

Q 濾紙滴漏與法蘭絨滴漏之間，在風味上有區別嗎？

A 兩種風味的差異來源於注入熱水時，蜂巢結構能夠多大程度吸收熱水膨脹起來，也就是說受到熱水穿透時間和保持水分的能力之影響。熱水通過濾紙比法絨布要更容易一些，因此熱水的浸潤作用較弱一些。另外，法絨布是較粗纖維構成的，不僅有保持水分的能力，咖啡液流到外部後就法絨布會膨脹起來能夠把雜味保持住。因此從結果上來看，使用濾紙口味更佳清爽，而使用法絨布就會有潤滑香醇之感。

問題 08 答案

A-②　B-④　C-⑦　D-⑥　E-①　F-③　G-⑤

第 **6** 章

咖啡味道和
風味的理學
與科學

第6章
咖啡味道和風味的理學與科學

究竟是什麼在影響咖啡豆的香氣和風味呢？

 咖啡生豆產地不同，咖啡的**香氣**和**風味**會大一不樣嗎？

 咖啡豆的產地雖然也很重要，但千萬不能忘記**烘焙**、**研磨**以及**沖泡方法**對咖啡的影響。

 **問題 01** 從右側一頁①～⑧的選項中選擇填入A～H的括弧中。

根據產地的品種、栽培條件、加工等的不同，咖啡豆的香氣和風味都各自擁有各自的特點。

生產國	主要特徵	代表品種
巴西	主要是阿拉比卡種，精製過程主要為自然乾燥。中西部熱帶大草原地區現代化的栽培技術比較先進。	（A　）
哥倫比亞	只栽培阿拉比卡種，在地理、栽培的自然條件等方面，可以說是生產咖啡的理想國家。	（B　）
瓜地馬拉	受惠於火山灰土壤，一直種植波旁等傳統品種，被譽為咖啡栽培的寶庫。	（C　）
牙買加	栽培地區受限、產量小等對價格影響很大。	（D　）
印尼	雖然羅布斯塔種的生產量比較大，但以在蘇門答臘島的一部分區域種植阿拉比卡種而出名。	（E　）
葉門	環境惡劣雨水少，種植條件與其他生產地不同，因此擁有獨特的香氣和風味。	（F　）
衣索比亞	是咖啡發源地，擁有鐵比卡、波旁這樣的傳統品種，可以品味到各式各樣的香味。	（G　）
坦尚尼亞	擁有像紅酒一樣的豐富風味，深受喜歡阿拉比卡種和酸味的人的喜愛。	（H　）

問題 **01** 的選項

①摩卡‧馬塔里咖啡（中度烘焙擁有柔和的酸味，深度烘焙就能品味到香醇的咖啡）

②吉力馬札羅咖啡（味道非常醇厚，酸味重，口味飽滿的一款咖啡）

③曼特寧咖啡（味道醇厚帶有滑潤的苦味，味道比較有個性）

④哥倫比亞咖啡（酸味飽滿，醇度適中，口感柔和）

⑤巴西聖多斯咖啡（苦味與香醇相互協調，各種口味平衡的一款咖啡）

⑥摩卡‧西達摩咖啡（擁有甜酸味，能夠品嘗到香辛料的味道）

⑦瓜地馬拉咖啡（口感清爽，芬芳四溢，味道醇和）

⑧藍山咖啡（風味高貴，飲用時能讓人輕鬆愉快）

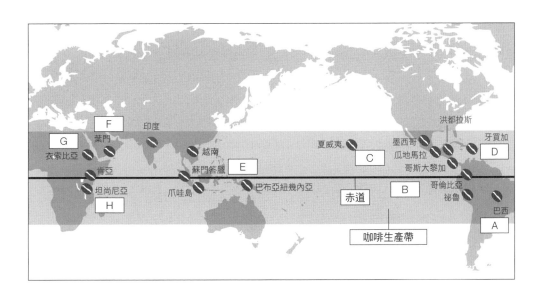

 問題 **01** 答案

A-⑤　B-④　C-⑦　D-⑧　E-③　F-①　G-⑥　H-②

 **問題 02** 從右側一頁①～⑦的選項中選擇填入A～G
的括弧中。

　是否按照咖啡豆的特性來選擇相應且適合烘焙、沖泡的研磨方式，以及能夠萃取出美味
成分的沖泡方式等，會對咖啡豆的香味及風味產生影響。

【烘焙度】烘焙是通過烘烤生豆，最大限度地萃取咖啡豆的風味的一道工序，對香味、風
味影響極深。通常情況下淺度烘焙（A　　　）比較重，深度烘焙（B　　　）比較重。通過烘
焙出來的香味被叫做（C　　　），主要為揮發性成分，由大約20多種化合物混合而成。

【研磨方法】使用咖啡研磨機對烘焙後的咖啡豆磨粉，為了不讓香味流失，在需要沖泡咖啡
時再磨粉這一點非常重要。研磨的咖啡粉越細，表面積就越大，咖啡就會越（D　　　）。

【沖泡方法】萃取時會改變口味的要素有（E　　　）和（F　　　）。（E　　　）越高，（F　　　）
越長，苦味成分比例就會增加。（G　　　）是咖啡中甜味成分的一種，在深度烘焙的咖啡中
含量較多，如果人體內缺乏這種成分，會導致糙皮病（皮膚病的一種），在歷史當中曾經有
過咖啡預防該疾病的記載。

※照片由稚內市提供

津輕藩兵聯合紀念碑

　外形為巨大咖啡豆的一塊紀念碑。江戶時代，為
了加強北方邊防，幕府把東北的藩兵調配到宗谷地
區。

　為了讓藩兵能夠在極寒之地保持健康，作為糙皮
病的預防藥物，政府向該地區定量供應荷蘭咖啡
豆，歷史記載當中也留下了相關記述。但好景不
長，在這一地區大批藩兵命喪黃泉，為了祭奠他們
而在稚內市的宗谷公園裡建立了咖啡豆的紀念碑。

問題 02 的選項

①濃（咖啡研磨度越細，萃取成分就會越多）

②萃取時間（根據萃取的工具不同，從瞬間萃取到花費好幾日的都有）

③水溫（根據萃取工具不同，合適的溫度分布在85～95℃之間）

④苦味（咖啡主要的味覺表現，但根據人的不同強弱感受有一定差異）

⑤尼古丁酸（也叫菸鹼酸或維生素B_3。不同於有害物質尼古丁）

⑥酸味（並非傳統意義上的酸（Sour），而是一種清爽的味道（Acidity））

⑦吡嗪（2.5-二甲基吡嗪等經加熱生成，是烘烤香味的來源）

咖啡小知識

【烘焙度與香氣、味道等】

烘焙度越低，醇厚感和香味尚未發揮充分，往往會有生澀感。如果烘焙度到了中度烘焙，醇厚感和香味開始出現。烘焙度越高，咖啡豆碳化程度越高，香味就會漸漸消失，只剩苦味。

烘焙度	咖啡因	味道	品種
淺 ↑ ↓ 深	多 ↑ ↓ 少	酸味 ↑ ↓ 苦味	淺烘焙（Light Roast）
			肉桂烘焙（Cinnamon Roast）
			中度烘焙（Medium Roast）
			深度烘焙（High Roast）
			城市烘焙（City Roast）
			深度城市烘焙（Full City Roast）
			法式烘焙（French Roast）
			義式烘焙（Italian Roast）

問題 02 答案

A-⑥　B-④　C-⑦　D-①　E-③　F-②　G-⑤

咖啡風味如何感知？

 咖啡真正的**味道**和**香味**，是只有「懂得差異的人」才能品味出來的嗎？

 也許每個人的表現都不一樣，但味覺的構造都是一樣的。

 **從右側一頁①～⑦的選項中選擇填入A～G的括弧中。**

味覺中包含感知各種信號的功能，例如（A　　）即能量源，（B　　）即礦物質，蛋白質（C　　）即營養素，有機酸的（D　　）即腐壞，（E　　）即有害物質等。味覺細胞能夠感知並區分開這五項（F　　），所以能夠感覺到食品的各色味道。

區分味覺的構造並非由舌部位和所有味蕾來分擔完成，而是每一個味蕾都能對應這五種味道。研究發現，每一個味覺細胞會把一種味道特定的味覺神經相連並傳導進大腦內。

我們把能感覺到的最低濃度叫做（G　　），如下表所示，（E　　）與其他味道相比數值之所以較低，是因為食物入口時，即便是極其少的量也會被靈敏感知，這是身體為了避免攝取到有毒物質。

人在幼年的時候，往往會本能地拒絕酸味和苦味這種不愉快的味道，但隨著不斷成長，通過飲食體驗，偏好性也會發生變化。

味道	最低味濃度（%）	味道	最低味濃度（%）
（A　　）―砂糖	0.5	（D　　）―醋酸	0.012
（B　　）―食鹽	0.2	（E　　）―奎寧	0.00005
（C　　）―味精	0.03		

問題 03 的選項

①酸味（酸味的根源如同其名，即酸，包括在檸檬中富含的檸檬酸等）

②閾值（能夠感知味覺的濃度範圍，閾值越低說明該物質味道越重）

③基本味道（形成人類味覺，是組成複雜味道的基本要素）

④甜味（蔗糖、葡萄糖等的糖類物質以及人工甜味劑等）

⑤苦味（包含苦味成分氯化鎂、生物鹼等）

⑥鹹味（包含氯化鈉、氯化鉀等無機物）

⑦鮮味（屬於胺基酸的一種，由池田菊苗博士發現，包含麩氨酸在內）

咖啡小知識

【**氣味的表達方法**】在日語當中「氣味（匂い）」這個表達方式包含比較多的意義，具體來看，好的氣味叫做「香味（匂い）」，而不好的氣味叫做「臭味（臭い）」，一般情況下都是分開使用的。

在英語當中，香水的氣味稱作「Fragrance」，咖啡等飲料飄出來的香味稱作「Aroma」，食品在食用時感到的口味和香味稱作「Flavor」。英語當中的Flavor，語感上就近似於日語當中的「風味」。

問題 03 答案

A-④ B-⑥ C-⑦ D-① E-⑤ F-③ G-②

 **問題 04** 從右側一頁①～⑦的選項中選擇填入A～G的括弧中。

　　咖啡等嗜好飲料（※譯註）的香味，是由多種帶有氣味的物質調和而成的。以咖啡的香為例，從飲品中飄散至空中時叫做（A　　），含入口中感覺到的叫做（B　　）。當我們感覺到氣味的情況大致可以分為兩種。一種是通過鼻腔介由呼吸，感知空氣中氣味物質的情況；另一種是伴隨著飲用咖啡等飲料，主要由口來感知氣味物質的情況。這種由嗅覺和味覺帶來的綜合資訊，就形成了我們的（C　　）。

　　評價咖啡香味中的要點時，除了主導芳香（A　　）和主導風味（B　　），評價主導酸味的（D　　）和主導醇厚度的（E　　）也非常重要。

　　香味也對（F　　）產生影響，令人愉悅的香味會讓（G　　）安定下來以增進（F　　），令人生厭的臭味則會導致壓力增大，使得（G　　）緊張，（F　　）下降。

飲食的美味與否，不單單來自味道、氣味，當然也關乎口感、溫度、色澤和外觀等多方面綜合資訊，來影響決定。像右圖這樣，視覺、嗅覺、味覺、觸覺等綜合資訊，與在大腦中的記憶相互對照之後，才能判斷是否美味。

※譯註：嗜好飲料通常指含咖啡因的刺激性飲料，
　　　　如茶、咖啡、可可等。

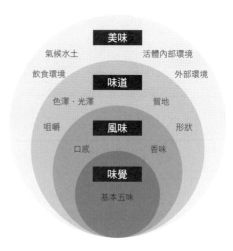

美味
氣候水土　　　　活體內部環境
飲食環境　　　　外部環境
味道
色澤・光澤　　　質地
咀嚼　　　　　　形狀
風味
口感　　　　　　香味
味覺
基本五味

問題 04 的選項

①酸性（Acidity。指示酸的種類、酸的強弱等）

②食慾（為了控制食慾，有時會使用帶有香味的精油）

③基質（Body。味道的厚度和口中的黏性）

④風味（食物中的特殊味道）

⑤交感神經（會讓身體處於活躍狀態。會讓身體放鬆的是副交感神經）

⑥芬芳（Aroma。通過烘焙產生，來源於揮發性芳香物質的咖啡特殊香味）

⑦香味（Flavor。整個口中的綜合感知）

Q 咖啡中的香味是怎麼產生的呢？

A 香味是多糖物質和蛋白質在烘焙過程中受熱分解，產生了不同的低分子糖類物質和胺基酸，就產生了咖啡特有的味道和香味。

・淺度烘焙的咖啡比較生澀，火候尚未達到咖啡豆中心，有枯草一樣的臭味。

・中度烘焙會讓咖啡擁有的香味發揮地淋漓盡致。

・烘焙程度越高，香味就會漸漸消失，苦味增強。

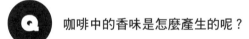

問題 04 答案

A-⑥　B-⑦　C-④　D-①　E-③　F-②　G-⑤

咖啡為何要拼配呢？

 拼配咖啡到底是什麼？和什麼混合在一起才叫「拼配咖啡」的呢？

 不同種類的咖啡豆**混合**在一起的咖啡，拼配咖啡甚至能夠說是每家咖啡店的香味。

問題 **05** 從右側一頁①～⑦的選項中選擇填入A～G的括弧中。

　　咖啡的風味會由於咖啡豆的生產國或是烘焙程度不同而相異，像吉力馬札羅咖啡、摩卡、藍山等單一的咖啡豆烘焙、萃取的這種叫做（A　　），另一方面，由幾種不同的咖啡豆混合烘焙、萃取的（B　　）中，也有實現把咖啡豆混合在一起烘焙的（C　　），以及每種咖啡豆單獨烘焙之後再進行混合的（D　　）。分別烘焙的後者能更好地把咖啡豆原本帶有的特性萃取出來，但如果烘焙量較大，前者就比較省時省力，想要深度烘焙就不需要太多的準備。

　　拼配的要點，首先就要瞭解各國咖啡豆的特徵（見右表），在此基礎上預想最終要做成什麼樣的口味，這一點也非常必要。

1.　酸味與苦味、苦味與甜味等味道不同（特性相反）的咖啡豆拼配在一起。

2.　決定好喜歡的基礎風味咖啡豆（例如（E　　）），然後再混入其他咖啡豆。

3.　為了最終拼配效果，基礎風味的咖啡豆要占比30%以上。另外，咖啡生豆的產地、品種、品牌等標識上規定必須要有（F　　）%的混合占比。

4.　為了讓混合調配的品牌、風味之間不會出現相抵觸、遮掩特性的情況，拼配種類控制在（G　　）種左右。

問題 05 的選項

①巴西咖啡或哥倫比亞咖啡（這兩樣容易與其他咖啡豆相調和，比較穩定）

②後拼配（也叫單品烘焙。工序比較複雜，但萃取的味道能夠多樣化）

③30（在常規咖啡及即溶咖啡的標識方面，要符合公平競爭規約實施規則第三條）

④單品咖啡（品味單獨一種咖啡豆的個性和特性）

⑤前拼配（也叫拼配烘焙。工序比較簡單，但味道的自由度較低）

⑥3（拼配的咖啡豆種類過多的話很難統一在一起，香味不穩定）

⑦拼配（為了平衡味道，或是補充單一咖啡豆的味道上的不足）

【按照風味區分的咖啡品牌】

咖啡豆風味	咖啡豆舉例
有酸味的豆	摩卡、夏威夷科納、哥斯大黎加、瓜地馬拉、肯亞等
有苦味的豆	爪哇羅布斯塔、曼特寧、剛果、烏干達等
有甜味的豆	哥倫比亞、吉力馬札羅、瓜地馬拉等
中性豆	巴西聖多斯、薩爾瓦多、哥斯大黎加（低地產）等
有香醇味的豆	哥倫比亞、瓜地馬拉、藍山、哥斯大黎加等

【不同產地咖啡豆特性】

巴西（淺度烘焙）：擁有杏仁、堅果一樣的香味。最適合做拼配咖啡的基礎。

摩卡（淺度烘焙）：擁有尚未成熟的果實的簡單明快感。

哥倫比亞（淺度烘焙）：富有香醇感，擁有牛奶糖和乾果的甜香味。

曼特寧（淺度烘焙）：能夠發揮豐富的醇香，擁有甜杏以及南方果實的味道。

問題 05 答案

A-④ B-⑦ C-⑤ D-② E-① F-③ G-⑥

 **問題 06** 從右側一頁①～⑦的選項中選擇填入A～G 的括弧中。

在日本雖然有不少人喜歡單一咖啡豆的味道，即單品咖啡，但在咖啡店裡購買咖啡時，拼配咖啡占大多數。從提供咖啡的一方來看，在價格方面拼配咖啡比單品咖啡價格低，更容易銷售，不僅如此，使用拼配咖啡，能夠很好地應對作為農產品的咖啡豆在品質上或收成上的波動。

所謂拼配咖啡，充分發揮各產地不同咖啡豆的風味特性及傾向，又能相互補充不足，做出超越單品的香味和口味非常重要。

舉例來説酸味豐富、香醇適中且擁有柔和口感的（A　　　），苦味與醇厚相互輝映的（B　　　），味道甜酸、擁有柔和酸味與香辛料香味的（C　　　），口味厚重、苦味潤滑、富於個性的（D　　　）等等，我們需要事先瞭解這些咖啡豆的特性。

拼配咖啡中的核心品種有以下幾種：巴西咖啡豆與任何咖啡豆都能拼配，特點是深度烘焙的話就會有（E　　　）；摩卡擁有清爽的（F　　　）；哥倫比亞咖啡豆擁有較強的酸味與（G　　　）。下表是拼配咖啡的一些例子。

	巴西	摩卡	哥倫比亞	曼特寧
擁有酸味的拼配	20%	50%	30%	
擁有醇香的拼配	20%	20%	60%	
味道均衡的拼配	40%	30%	30%	
擁有苦味的拼配	40%	20%	20%	20%

110

問題 06 的選項

①衣索比亞（耶加雪夫村出產的咖啡香味類似茉莉花，聞名於世）
②酸味（代表是摩卡，其他品種參考第6章問題05）
③苦味（代表是爪哇羅布斯塔，其他品種參考第6章問題05）
④巴西（最大眾化且沒有任何特殊味道，最適合做拼配的一個品種）
⑤哥倫比亞（不論是單品咖啡還是拼配咖啡都可以使用的品種）
⑥醇香（代表是哥倫比亞咖啡，其他品種參考第6章問題05）
⑦曼特寧（擁有豪華芬芳的大顆粒咖啡豆）

Q 關於咖啡的拼配方法，最近有什麼變化嗎？

A 最近隨著精品咖啡逐漸深入人心，人們對於拼配咖啡的思考方式也發生了變化。拼配咖啡不僅僅是補充部分咖啡的不足，而且還要組合各個咖啡豆之間獨特的風味，為了製作出單品咖啡所不能表現出來的新風味而拼配，持有這種想法的咖啡店在不斷增加。

問題 06 答案

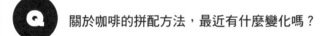

A-⑤　B-④　C-①　D-⑦　E-③　F-②　G-⑥

SCAA咖啡評價的標準是什麼？

咖啡好不好喝，不是每個人都感覺不一樣？

現在出現了以**所有生產國、消費國**為範圍，並**客觀評價**咖啡為目標的趨勢。

從右側一頁①～⑦的選項中選擇填入A～G的括弧中。

　　以往是在咖啡生產國進行咖啡生豆缺陷為主的評價，近些年，消費國一方尋求產地、農場、品種、栽培方法的（A　　），呼籲公正評價咖啡味道的聲勢逐漸擴大。因此，（B　　）作為咖啡香味和味道的科學評價方法，以及評價者的感官評價導入，發現味道特性的評價方法最終完成。這種評價方法，通過檢查（C　　）g生豆，進行（D　　）。涉及（E　　）個專案進行評分，綜合評價中（F　　）分以上的咖啡會作為最高品質的咖啡獲得認可，稱作（G　　）。此項分數，是作為客觀評價咖啡豆、爭取在全體生產國和消費國實現國際標準化的一個重要參考。

【評價項目】

1. Fragrance/Aroma：風味特徵
2. Flavor：在口中的香味
3. Acidity：酸味
4. Body：濃厚度、粘性
5. Aftertaste：後味印象
6. Balance：酸度與濃厚度的平衡

7. Uniformity：取樣咖啡的統一性（一種咖啡取樣五杯）
8. Clean Cup：取樣咖啡的淨度
9. Sweetness：取樣咖啡的甘味
10. Overall：平均差或根據個人喜好的評價
　　（Cupper's Point）

問題 07 的選項

①80（10個項目各10點，總計需達80分）

②精品咖啡（僅占全世界咖啡的5%，參考第2章問題06）

③SCAA（設立於1982年，美國精品咖啡協會）

④10（從咖啡的香味、酸味的品質、醇厚感等方面進行評價）

⑤350（檢查這些量的樣本生豆中有無缺陷等）

⑥源頭追溯性管理（生產到消費，或一直到產品廢棄，整個流通過程都能夠確認）

⑦杯測（評價咖啡豆的味道的特性及品質的過程。參考第2章問題08）

D的場景

D的範本樣式

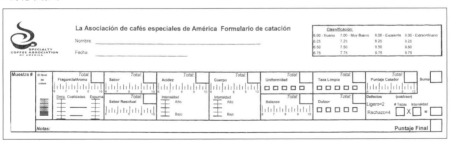

問題 07 答案

A-⑥　B-③　C-⑤　D-⑦　E-④　F-①　G-②

 從右側一頁①～⑦的選項中選擇填入A～G
的括弧中。

　　決定咖啡價值的是風味，也就是咖啡的味道和香氣。不論是在生產國還是在消費國，政府承認的咖啡品鑑師，葡萄牙語叫做（A　　），在咖啡生產國收購咖啡生豆時，通過（B　　）綜合評判咖啡味道和香氣，決定咖啡規格和等級，同時指定價格及拼配，在進行（B　　）時，咖啡味道和香氣的綜合印象（C　　），咖啡只有在溫熱的時候感覺明顯，以此時感受到的印象為參考，來判斷其他的諸如質感和酸味等的要素。

　　從（C　　）的特性來看，可以分成（D　　）和（E　　），再進一步細分，前者可以分為（F　　）、果實系、草系三個系統，後者可以分成（G　　）、奶糖系、巧克力系三個系統。

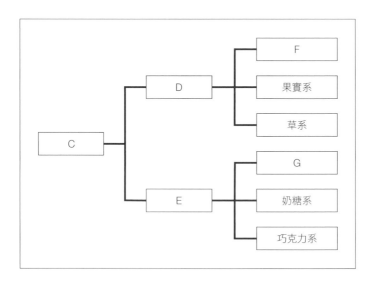

問題 **08** 的選項

①花系（花卉的香甜感）

②水果香（讓人想起柑橘類香味的甘甜感，以及漿果類酒味的乾澀感）

③堅果系（花生、核桃等濃厚的香味）

④風味（Flavor，根據培育環境不同而形成不同的風味）

⑤Classifcador（巴西的資格認證制度，掌握鑑定生豆品質，製作拼配咖啡的知識和技術的人可以獲得該認證。參考第1章問題06的咖啡小知識）

⑥杯測（咖啡的品嘗。參考第2章問題08）

⑦Nutty（像樹生堅果一樣的香甜味）

咖啡
小知識

【咖啡的風味與成分的關係】

咖啡的酸味，主要與綠原酸有關，烘焙程度越低含量越多，隨著烘焙度的加深含量逐漸減少。苦味主要與咖啡因和哌嗪有關，哌嗪隨著烘焙程度加深而變多。苦味並非是因為咖啡豆燒焦，而是因為生成了苦味成分。

醇厚、甜味則是蔗糖與蛋白質經梅拉德反應生成，隨著反應不斷加劇，烘焙程度加深，醇厚感越強。

問題 **08** 答案

A-⑤　B-⑥　C-④　D-②　E-⑦　F-①　G-③

第 7 章

咖啡的歷史和
文化人類學

咖啡的歷史和文化人類學

**咖啡的飲用和栽培大概是從什麼時期開始？
又如何擴展開的呢？**

咖啡在全世界廣泛的飲用有何原因嗎？

咖啡的發現與宗教有關，而種植面積擴大與其珍貴性有關。

 **從右側一頁①～⑦的選項中選擇填入A～G
的括弧中。**

　咖啡的發現方面有兩大傳說，據說分別起源於不同的國家和宗教。

　傳説1：阿拉伯起源説（伊斯蘭教教徒的傳説）。因為罪行而被流放的（A　　　），看到小鳥啄食了紅色的果實而變得精神，於是把煮過的果實喝下，頓時全身充滿活力。後來他又用紅色的果實救了很多病人，罪行得到了豁免。

　傳説2：衣索比亞起源説（基督教教徒的傳説）。（B　　　）發現山羊吃掉紅色果實後變得興奮不已，就自己吃了一些，結果渾身充滿了精力。因此在伊斯蘭教僧侶夜晚禱告覺得困乏時，煎煮這種果實喝。

　另外，在咖啡文獻中，阿拉伯人（C　　　）在10世紀初著述的（D　　　）當中記載道：「咖啡的種子『本』（或叫『幫』），其燉煮出來的汁水叫做「幫卡姆」，有刺激性、味道清爽、對胃非常好，且有利尿效果。」再者，11世紀波斯人（E　　　）的著書中，關於咖啡有這樣一段記載：「白色渾濁的部分不是很好，但去除掉外皮晾乾後的部分作為原料製作出來檸檬色的汁水芳香四溢，著實讓人喜愛。」當時咖啡生豆主要作為（F　　　）使用，像現在這樣把咖啡豆烘焙過後再飲用，是在13世紀後半，當時大受被古蘭戒律約束禁止飲酒的伊斯蘭教徒們的歡迎，被稱作（G　　　）。

問題 **01** 的選項

①卡爾迪（15世紀的傳說。衣索比亞的牧羊人）

②《醫學集成》（波斯綜合醫學研究書籍，據說是關於咖啡最古老的文獻）

③阿比仙那（也叫伊本‧西那，醫師、哲學家）

④藥（只有被稱作悉菲的聖職者把咖啡作為清醒的祕藥使用）

⑤拉傑斯（醫師。承認咖啡具有藥理效果）

⑥卡夫瓦（Qahwa。原本在阿拉伯語中是酒的一個稱呼）

⑦謝科奧奧馬魯（13世紀的傳說。是葉門的祈禱師）

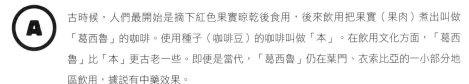

Q 歷史上有一段時間是喝咖啡的果實嗎？

A 古時候，人們最開始是摘下紅色果實晾乾後食用，後來飲用把果實（果肉）煮出叫做「葛西魯」的咖啡。使用種子（咖啡豆）的咖啡叫做「本」。在飲用文化方面，「葛西魯」比「本」更古老一些。即便是當代，「葛西魯」仍在葉門、衣索比亞的一小部分地區飲用，據說有中藥效果。

問題 **01** 答案

A-⑦　B-①　C-⑤　D-②　E-③　F-④　G-⑥

問題 02　從右側一頁①～⑦的選項中選擇填入A～G的括弧中。

　　咖啡在今日全世界被廣泛飲用，咖啡樹的原產地是非洲，現在世界上約有70個國家在種植。因為咖啡一詞源自於該國家的Kaffa地區，而在阿拉伯各國之間進行的各種香料貿易當中咖啡亦包含其中，因此咖啡的發源地一般被認為是圖①國家的（A　　　）地方，也是咖啡的品種（B　　　）的起源。另外，初次種植咖啡的地方被認為是圖②的（C　　　）。

　　1600年，朝聖者（D　　　），在葉門地區的伊斯蘭教寺院嚴密監視下成功帶出了咖啡種子，拿到了印度種植（圖③）。1699年，從印度到印尼的爪哇島成功完成咖啡移植，（圖⑤），成為現今於印尼作為（E　　　）栽培的（B　　　）的原木。

　　1727年，咖啡樹苗從法國領地圭亞被帶到（F　　　）（圖⑩），為今日咖啡大國打下基礎。1728年，咖啡樹苗又從馬提尼克島運往英國領地牙買加（圖⑪），在（G　　　）地區種植咖啡成為該國咖啡栽培的開始。1878年，在日本小笠原地區開始實驗性種植（圖⑭），現在依舊於限定的條件下進行。

　　仔細研究咖啡傳播的歷史，一方面對於咖啡生產國為了防止能夠置換成大量貨幣的咖啡向他國流出而嚴加監守，另一方面，由去麥加朝聖的伊斯蘭教教徒帶出的咖啡種子和樹苗，被種植在適合栽種的殖民地區，成為了擴展至全世界的重要原因。

①巴西（據說咖啡苗被放在為愛贈送的花束裡而傳到了巴西）

②巴巴・布坦（伊斯蘭教教徒，在去聖地麥加朝聖時拿回的咖啡種子）

③爪哇咖啡（1706年送至本國荷蘭阿姆斯特丹植物園）

④藍山咖啡（由軍人Clew帶來的樹苗成為中南美咖啡種植的基礎）

⑤阿比西尼亞（現在的衣索比亞。位於衣索比亞高原南部的熱帶雨林地區）

⑥阿拉伯（這個國家的醫師Rhazes留下了最早的咖啡記錄）

⑦阿拉比卡種（這是在世界流通的咖啡當中飲用最多的品種）

咖啡樹傳播的國家（①～⑭）

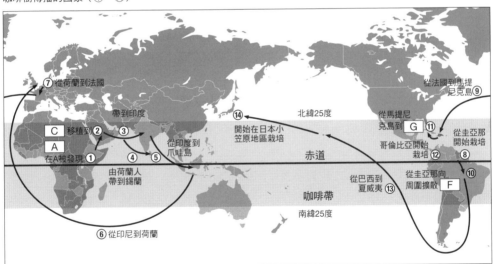

問題 **02** 答案

A-⑤　B-⑦　C-⑥　D-②　E-③　F-①　G-④

咖啡屋最初出現在哪個國家？

最早的**咖啡店**是距今多少年在什麼地方出現的？

咖啡屋這種類似於咖啡店原型的店鋪出現於16世紀的**土耳其**。

從右側一頁①～⑦的選項中選擇填入A～G的括弧中。

咖啡之所以能廣泛流行，是由於亞丁（葉門首都）的伊斯蘭教師（A　　　）在1454年訪問阿比西尼亞（現在的衣索比亞）時，詳細瞭解咖啡的功能，並進行了宣傳活動。1536年，葉門成為鄂圖曼帝國領地之後，咖啡向伊斯蘭世界延伸，並於1554年在土耳其的（B　　　）出現了世界第一家咖啡店。

這家咖啡店名字叫做（C　　　），店內高天花板設計，並裝飾有豪華的裝飾品和繪畫，作為舒適放鬆心情的社交場所，很多人在這裡飲用咖啡、唱歌跳舞及欣賞音樂。

咖啡屋往歐洲各地傳播和普及之17世紀前後，因受16世紀的影響，出現宗教對立、饑荒、流行性鼠疫等危機狀況，17世紀後半段環境有改善傾向，咖啡及咖啡屋才得以逐漸普及開來。

右表為歐洲各國按照先後順序排列最初開設咖啡屋的城市，如果把維也納、倫敦、巴黎、波士頓按照時間順序排列的話，為（D　　　）、（E　　　）、（F　　　）、（G　　　）。

問題 03 的選項

①咖啡卡內斯（在土耳其也叫咖啡哈耐。被稱作「咖啡之家」）

②倫敦（1680年傳遞訊息書信的中轉站，奠定了郵政制度的基礎）

③巴黎（誕生了巴勃羅‧畢卡索和莫迪利亞尼等的藝術家）

④維也納（維也納風格的咖啡，即著名的Vienna Coffee）

⑤伊斯坦布爾（Tahtakale地區開設的咖啡館）

⑥波士頓（獨立戰爭時期咖啡屋發揮了殖民地民兵指揮部的作用）

⑦夏克‧格馬雷丁（發現咖啡的傳說約200年之後的故事）

1645年 威尼斯

1650年 牛津

1652年 （D 　　）

1666年 阿姆斯特丹

1671年 （E 　　）

1683年 （F 　　）

1686年 新雷根斯堡布拉格

1687年 漢堡

1689年 （G 　　）

問題 03 答案

A-⑦ 　 B-⑤ 　 C-① 　 D-② 　 E-③ 　 F-④ 　 G-⑥

問題 04 從右側一頁①～⑦的選項中選擇填入A～G
的括弧中。

　　咖啡從阿拉伯伊斯蘭的世界廣泛普及開來，是從通往伊斯蘭世界的交通要點威尼斯開
始，17世紀中期以後，在歐洲的主要城市陸續開設了咖啡屋。

　　商業形式的咖啡進入歐洲是在1640年，最初進入的是（A　　），1686年在法國開設
了豪華的（B　　）。這家咖啡店，聚集了盧梭、伏爾泰等思想家及雅克丹東、羅伯斯
皮爾等政治家，發揮了文化和思想發源地的作用。（C　　）中對咖啡屋有這樣一段評
價：「這是討論能夠付諸現實的唯一場所，這是產生任何驚人的計畫和烏托邦的夢想，
以及無政府陰謀的唯一場所。」

　　在倫敦也不斷開設了各種特色咖啡屋，人們可以在這裡聽新聞，進行政治討論等。
例如，1652年在倫敦開的第一家咖啡店（D　　）內，發行了第一則介紹咖啡藥效的廣
告。1657年，在當時金融中心城市的交易所附近開設的（E　　）成為商人們收集資訊
的場所。1688年，發佈最新海事資訊的（F　　）中，聚集了大量船長，在店內同時還
經營船舶保險業務，這成為勞埃德保險公司的前身。在倫敦開設的將近3000家咖啡屋
別名（G　　），人們在這裡茶餘飯後閒談闊論，形成支撐近代市民社會輿論的重要空
間。

問題 04 的選項

①帕斯卡‧羅傑的店（後改名為牙買加人咖啡屋，成為砂糖和奴隸貿易的情報中心）

②Gallaway Coffee House（位於倫敦證券交易所的起源地）

③荷蘭（商人Wolfvine從摩卡往阿姆斯特丹運輸並銷售咖啡）

④便士大學（Penny University，只用一便士就能喝到咖啡，可以進行資訊交流）

⑤Cafe Prokop（在還沒有普及報紙的18世紀，這裡能夠提供新鮮情報而受人們歡迎）

⑥孟德斯鳩（著有《法的精神》，是法國著名的政治思想家）

⑦Lloyd's Coffee House（由愛德華‧勞埃德開設，保險從業人員用作交易場所）

Q 咖啡屋任何人都可以出入嗎？

A 在英國，出入咖啡屋不論身分地位，但當時只有一項條件，只許男性進出，女性是被禁止進入的。

1674年主婦們認為咖啡屋是影響夫婦關係的存在，向政府提出了呼籲關閉咖啡屋的請願書，已然成為了一大社會問題。

問題 04 答案

A-③ B-⑤ C-⑥ D-① E-② F-⑦ G-④

各國咖啡館的歷史發展？

 歐美各國以及登陸日本的咖啡館，有何不同嗎？

 咖啡館超越各國的小酒店和茶的歷史，**滲透進了當地社會。**

 **問題 05** **從右側一頁①～⑦的選項中選擇填入A～G的括弧中。**

【英國】1650年在英國牛津出現了第一家咖啡屋（A　　　），兩年後在倫敦又開了第二家，直至1660年英國國內咖啡館已經達到了3000家。英國人在咖啡館裡談論政治和文學，開展商務活動等。

【法國】1686年在巴黎開設了第一家正式的咖啡館（B　　　），作為沙龍活動場所非常熱鬧。法國大革命前咖啡館數量已經達到了700家左右。在咖啡館中，思想家、革命家及政治家思想相互碰撞，也誕生了新的文學、哲學和藝術。

【奧地利】1683年，維也納的弗蘭茨‧克魯希茨基解救了鄂圖曼土耳其帝國對維也納的第二次包圍危機，立了大功，被賜予了土耳其軍隊留下的咖啡生豆與房屋，1686年開業的（C　　　）獲得了巨大成功。18世紀前半咖啡店遍地開花，深深地滲透進了維也納的市民生活。

【義大利】1720年威尼斯的聖馬魯克廣場上開設了現存最早的咖啡館（D　　　），作為（E　　　）的發源店聞名於世。18世紀中葉義大利各地開設了多家咖啡店。

【美國】1689年在波士頓開設了第一家（F　　　），客棧（帶有餐飲設施的旅社）等已經開始經營咖啡。其後開業的（G　　　），因其在獨立戰爭中發揮了殖民地民兵指揮所的作用而聞名於世。

問題 05 的選項

①藍色之瓶（該國還有克魯希茨基的銅像和同名街道）

②傑伊科布的店（店名傑伊科布是黎巴嫩出生的猶太人之人名）

③咖啡・弗洛裡安（Caffee Florian。該國現存最老的咖啡店）

④倫敦・咖啡屋（在英屬殖民地美洲大陸上開店）

⑤普羅科普（該國18～19世紀咖啡店的原型）

⑥綠龍（波士頓傾茶事件的戰略是在此地研究出來）

⑦咖啡拿鐵（咖啡與牛奶混合的飲料）

米蘭的咖啡店

巴黎的咖啡店

問題 05 答案

A-② B-⑤ C-① D-③ E-⑦ F-④ G-⑥

從右側一頁①～⑦的選項中選擇填入A～G 的括弧中。

　　咖啡傳入日本是在18世紀左右，最初是在長崎出島的荷蘭人招待時使用，當時日本人以喝茶為主，很難一下接受咖啡獨特的香味和味道。其後，伴隨著美國黑船事件，西方文化流入，以長崎、橫濱等對外開放港口為中心開設的西洋料理店裡的菜單中出現咖啡，開始引起庶民的注意才慢慢普及開來。

　　1888年，鄭永慶在東京上野地區首次開設了擁有正式咖啡店形態的（A　　　），但因經營不振於1892年關閉。其後在1911年水野龍在東京銀座開業的（B　　　），不僅空間裝修時尚，又能以一杯五錢的低價格提供真正的咖啡，因此聚集了大批文人和藝術家，為咖啡的普及做出了巨大貢獻。同年，松山省三在銀座開設的（C　　　），以巴黎的咖啡館沙龍藝術為目標，設有女服務員，除了提供咖啡還提供酒水及簡餐。

　　在咖啡豆的進口方面，1950年有（D　　　），1960年為（E　　　），1961年為（F　　　），到1970年為（G　　　），在進出口自由化的背景下，每年咖啡的進口量都在增加。

問題 06 的選項

①咖啡的青春時代（以募集會員的方式來維持經營穩定）
②可否茶館（設有撞球、洗浴室等設施，擺放著國內外報紙）
③咖啡保利斯塔（銀座中現存最古老的咖啡店）
④咖啡豆（同年，許多國內製造商開始製作即溶咖啡）
⑤即溶咖啡（同年，日本即溶咖啡協會啟動）
⑥常規咖啡（400g以上的大罐咖啡進口也變得自由化）
⑦再次放開咖啡豆進口（1942年進口中斷，戰爭中由統管的日本咖啡公司製造常
規咖啡、即溶咖啡，並繳納給軍隊）

**咖啡
小知識**

咖啡館（cafe）與咖啡店（喫茶店）的區別。咖啡店根據食品衛生法實施令
第35條，明確定義為「咖啡店，設置沙龍及其他設施，提供酒精類以外的
飲品或茶點讓客人食用的營業項目。」因此菜單上如果有酒精類飲品就是
「咖啡館（cafe）」，菜單上沒有酒精類飲品就是咖啡店（喫茶店），大致
可以這樣區分。
但並非如此嚴格劃分，純粹喝茶不帶酒水的咖啡店（喫茶店）也有「純喫
茶」這樣的稱呼。

問題 06 答案

A-②　B-③　C-①　D-⑦　E-④　F-⑤　G-⑥

與咖啡有著緊密關係的傳統及藝術有哪些？

 據說熱愛咖啡的文人和藝術家很多，這是真的嗎？

 大概是因為咖啡能夠刺激想像力，讓文人和藝術家留下了大量的藝術瑰寶。

 **從右側一頁①～⑦的選項中選擇填入A～G 的括弧中。**

作為一種傳統的咖啡飲用習慣，在（A　　）這一國家，有幾個人一起飲用咖啡的（B　　），這是一種稱作（C　　）的儀式化作法。這種儀式在迎接重要客人的時候進行，對他人表達了感謝和招待心情，婚前女性都需要充分瞭解的一種禮法。

另外，在（D　　）這個國家有用水煮開咖啡，只喝上層澄清部分的這種特殊飲用方式，根據喝完咖啡之後剩下的咖啡渣在杯底形成的模樣進行（E　　）是從鄂圖曼帝國時代沿襲下來的文化之一。

在（F　　），到午後咖啡時間，與親友圍桌而坐，共用咖啡點心的悠閒時光，這被稱作（G　　）。

問題 07 的選項

①土耳其（當地有一句諺語叫做「一杯咖啡培養40年友情」）

②卡裡奧琴（「卡裡」是指咖啡樹的葉子，「奧琴」是「一起」的意思）

③雅屋哉（Jause。在咖啡館等品嘗叫做Mail Speise蛋糕類食品）

④衣索比亞（咖啡的原產國）

⑤咖啡典禮（也叫Bunna Cafe）

⑥咖啡占卜（飲用後用托盤蓋住咖啡杯整個倒置過來，根據咖啡粉的形狀進行占卜）

⑦奧地利（在維也納，愛喝咖啡這種習慣已發展到了文化領域）

咖啡小知識

【義大利】

在義大利，人們往往一天去好幾次咖啡吧，把咖啡一飲而盡接著離開（去咖啡吧本身就是一種戒不掉的習慣），加上在家喝的杯數，一般情況下義大利人一天要喝掉7～8杯義式濃縮。

【巴西】

在巴西有在外出時反復喝Cafezinho（在比小咖啡杯還要小的咖啡杯內裝入比義式濃縮咖啡味道更濃的咖啡，放入大量砂糖）的習慣。

問題 07 答案

A-④　B-⑤　C-②　D-①　E-⑥　F-⑦　G-③

問題 **08**　從右側一頁①～⑦的選項中選擇填入A～G的括弧中。

　咖啡，刺激了大批作家和音樂家們的想像力，歷史上也留下了不少以咖啡為主題的作品和名言。試舉幾個國內外熱愛咖啡的文人例子。

【作家】

　據說（A　　　）一天喝五、六十杯咖啡，並著有讚美咖啡才是促進創作祕藥的《近代興奮劑考》這樣一本書。另外，（B　　　）在巴黎居住時期，因在咖啡屋裡一面放鬆心情一面構思小說而出名，著有精彩描繪咖啡場景的《戰地鐘聲》和《老人與海》。

　（C　　　）關於咖啡的文章中名氣比較高的是隨筆《咖啡哲學序說》，隨筆中記載了咖啡的能力以及在柏林的咖啡生活。另外，以咖啡為主題的小說中，有（D　　　）在讀賣新聞中連載的《可否道》（後來標題改為《與咖啡的戀愛》）。

【音樂家】

　據說1732年巴哈在畢卡索達的詩中寫的（E　　　）是為了擁護飲用咖啡而做出的神曲。另外，他喜歡飲用的咖啡，是一杯咖啡中使用了剛好60粒咖啡豆的（F　　　）而出名。

【名言】

　法國外交官（G　　　）曾讚美咖啡說：「如惡魔般黑暗，如地獄般熾熱，如天使般溫柔，如戀愛般甘美，這就是咖啡」。

問題 08 的選項

①海明威（古巴立有他的紀念雕像，受到人們的敬愛）

②塔列朗（喝美味咖啡時發出的感歎之辭非常有名）

③貝多芬（愛喝從10g左右咖啡豆中萃取的咖啡）

④咖啡大合唱（咖啡康塔塔，輕喜劇，原曲名為《別說話，保持安靜》）

⑤獅子文六（寫有「咖啡才是新式的茶，咖啡道應該在日本誕生」的句子）

⑥寺田寅彥（寫有「當時難以下嚥的牛奶中摻入少量咖啡喝了下去」的句子）

⑦巴爾扎克（19世紀法國代表小説家）

Q 日本文人對咖啡或咖啡館特別關心的例子有哪些？

A 如果要列舉喜愛咖啡的文人的例子的話，就有「昴星」的詩人們和美術同人志「方寸」的畫家們，日本也需要有像巴黎咖啡館一樣藝術家們聚集起來談論文化、藝術的場所，因此從1908年至1913年左右，作為新藝術運動的場所，被稱作「潘之會」※（咖啡愛好者的聚會）一直活躍著。

以這樣的例子為先河，從明治時代至大正時代，咖啡館發揮著文化沙龍的巨大作用。

※譯註：「潘之會」日文為「パンの會」，「パン」（Pan）為希臘神話中的牧神，名字的原意有「一切」的意思。

問題 08 答案

A-⑦　B-①　C-⑥　D-⑤　E-④　F-③　G-②

第 8 章

咖啡的嗜好與流行學

咖啡的嗜好與流行學

咖啡被稱為嗜好品的理由是什麼？

咖啡是被看做**嗜好品**而不是食品的原因是什麼？

與攝取營養的食品雖然有些區別，但咖啡有獨特的功能。

 **從右側一頁①～⑦的選項中選擇填入A～G的括弧中。**

　　嗜好品是指「不以攝取營養為目的，而是為了獲取香味和刺激的食品和飲品。包含酒、茶、咖啡、香菸等」（《廣辭苑》）。具體來看，咖啡、茶、酒精類以及香菸雖然不像碳酸飲料一樣有直接興奮神經系統的作用，但因其味道和香味往往會在心理上形成習慣，也會形成藥理學上的依賴性。

　　咖啡、玉露、煎茶、紅茶等中含有（A　　）這種叫做生物鹼的物質，這四種飲品再加上即溶咖啡，每100ml當中的含有量按照順序排列即（B　　）、（C　　）、（D　　）、（E　　）、（F　　）。如果處於服藥期間或妊娠期，擔心因為飲用咖啡或茶類而導致該物質攝取過量，可以飲用該物質含量較少，叫做（G　　）的一種替代品。

問題 01 的選項

①脫因咖啡（也叫低因咖啡。從本來含有咖啡因的飲料和食物中去除掉咖啡因。根據歐盟標準，只包括去除99.9%以上咖啡因的情況）

②即溶咖啡（下表為用140ml熱水溶解2g咖啡粉的含有量）

③咖啡（下表為用150ml的熱水浸泡10g咖啡豆粉末的含有量）

④紅茶（下表為用360ml的熱水浸泡5g茶葉1.5～4分鐘後的含有量）

⑤煎茶（下表為用430ml90℃的熱水浸泡10g茶葉1分鐘後的含有量）

⑥玉露（下表為用60ml60℃的熱水浸泡10g茶葉2.5分鐘後的含有量）

⑦咖啡因（有清醒、利尿作用，在感冒藥和鎮痛劑當中也含有咖啡因）

飲料	咖啡因含量（每100ml）
（B　　）	約160mg
（C　　）	約60mg
（D　　）	約57mg
（E　　）	約30mg
（F　　）	約20mg

參考：根據日本文部科學省公開的《第五次修訂日本食品標準成分表》資料製作

問題 01 答案

A-⑦　B-⑥　C-③　D-②　E-④　F-⑤　G-①

問題 02 從右側一頁①～⑨的選項中選擇填入A～I 的括弧中。

　　回溯咖啡杯的歷史，18世紀前後使用沒有把手的小缽或者小型圓口杯形狀的容器，一般是從熱水壺中直接斟咖啡喝，這叫做（A　　　）。相對於杯子的橫寬，杯子的身長較高，之所以是這一種基本形狀，那是為了適應，只喝咖啡上層澄清的部分的這種叫做（B　　　）的沖泡方式。1711年，在法國出現了用布萃取咖啡的方法，這是（C　　　）的原型，如此一來就沒有必要限定使用高身杯，帶有把手的杯子成為主流。另外關於咖啡的托盤，原本是倒入杯子內的咖啡，再倒入托盤內冷卻後飲用，現在這種作用早已經喪失，可以說是從視覺和觸覺上，發揮了「裝飾」的作用。咖啡杯與茶杯相比，開口稍窄且杯壁較厚，這是從重視保溫性和香味的保存性出發，但可以根據TPO（時間、地點、場合）不同，能夠享受美味和芳香的杯子容量和形狀亦不同。

（D　　）容量為120～140cc。一般意義上被稱作「咖啡杯」的類型。為最大眾化的大小規格，適合任何咖啡。	（E　　）容量為140～160cc。規格稍大，多用來喝可以痛快暢飲的美式和牛奶咖啡等。
（F　　）容量為60～80cc。主要用來飲用義式濃縮。規格相當於標準容量的一半，也有3／4杯份（容量80～100cc）規格的杯子。	（G　　）容量為180～250cc。規格比較適合想多喝咖啡時使用。適合喝像美式淺焙咖啡這樣味道比較淡且能迅速喝完的咖啡。
（H　　）容量為180cc左右。寬口徑，表面比較容易打泡做裱花，喝卡布奇諾時使用。	（I　　）容量為300cc左右。名曰「Bowl（大碗）」正如其名，是一種沒有把手的專用咖啡杯。規格可達泡著麵包吃的程度。

①標準咖啡杯（也叫常規咖啡杯）

②法蘭絨滴漏（使用布（棉法絨布）作為過濾器的萃取方法）

③牛奶咖啡杯（法語為Bol，意思是「碗」，也可以用來喝湯）

④土耳其杯（一般情況下是高度為5.5cm，直徑5cm的小型咖啡杯）

⑤土耳其式咖啡（當咖啡粉沉澱下來的時候飲用，剩下的咖啡渣常用來占卜）

⑥卡布奇諾咖啡杯（這種咖啡杯的形狀，能夠使得入口時的泡沫和咖啡融合得恰到好處）

⑦早餐杯（型號比標準咖啡杯稍大一些，比較適合早上想多喝一些咖啡時使用）

⑧小杯（喝比普通咖啡量少的義式濃縮時使用的專用杯）

⑨馬克杯（帶有比較大的把手，也可以用於喝除咖啡以外的其他飲料）

咖啡
小知識

【咖啡杯與茶杯】

在英國，紅茶可以被稱作是國民飲品，從很早就已普及，而咖啡則往往被作為嗜好品來思考。另外，因為英國陶瓷器發展得早，作為歐洲陶瓷燒製品的主要國家，生產量十分可觀，在開發適合國人用的杯具和碗盤方面也比較方便。於此，喝咖啡用的杯子與喝紅茶用的杯子，杯具區別開來也是有其原因的。過去都是為了發揮咖啡或紅茶作為飲品其本身最大的特點而製作相應的杯具，但最近開始普及既可以作咖啡杯又可以用作紅茶杯，沒有明確差異的兩用杯了。

問題 02 答案

A-④ B-⑤ C-② D-① E-⑦ F-⑧ G-⑨ H-⑥ I-③

西雅圖系咖啡是怎樣一種咖啡？

 西雅圖系咖啡好像很有人氣，到底是為什麼呢？

 可以品味到以**濃咖啡**為基礎的各種不同樣貌，這是受歡迎的一大理由吧！

 問題 **03** 從右側一頁①～⑦的選項中選擇填入A～G的括弧中。

　　在美國華盛頓州西雅圖誕生的咖啡新式飲用方法稱作西雅圖系咖啡，與以往使用淺度烘焙咖啡豆的美式淺焙咖啡完全不同，給咖啡的樣貌帶來巨大影響。以（A　　）為基底，在稍穠一些的咖啡中加入牛奶，或是加入各種不同風味進行混合，組合成以下幾種不同樣貌。

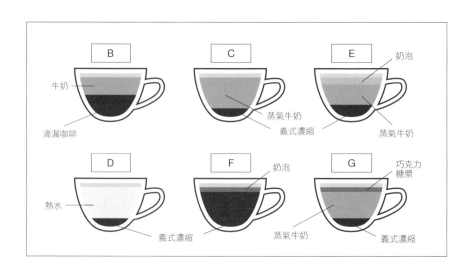

問題 03 的選項

①摩卡咖啡（在義式濃縮中加入巧克力糖漿和蒸氣牛奶）

②美式咖啡（把義式濃縮和水按照2：8的比例沖泡）

③咖啡瑪奇朵（在義式濃縮上用奶泡做出各種圖案）

④咖啡拿鐵（在義式濃縮中加入大量的用蒸氣加熱過的蒸氣牛奶）

⑤義式濃縮（在義大利語中是「急速」的意思，深度烘焙的咖啡豆磨成細粉後使用專用機器進行萃取）

⑥卡布奇諾（在義式濃縮咖啡上加入蒸氣牛奶以及用蒸氣打起來的奶泡）

⑦牛奶咖啡（常規咖啡與熱牛奶按照1：1的比例沖泡）

Q 拿鐵藝術咖啡（Latte Art）是什麼？

A 一般情況下是指在萃取的義式濃縮咖啡上加入使用高壓蒸氣打泡的牛奶，然後繪製出不同的圖案。要想繪製出漂亮的圖案，就要求有相當熟練的義式濃縮萃取技術，打泡技術以及注入後使圖案浮現的技術。

拿鐵咖啡中代表性的圖案有心形和樹葉形狀。

問題 03 答案

A-⑤ B-⑦ C-④ D-② E-⑥ F-③ G-①

問題 04 從右側一頁①～⑦的選項中選擇填入A～G的括弧中。

　　與西雅圖系咖啡相對，也有義大利系咖啡。在義大利，人們稱咖啡為CAFFE，一般是指義大利咖啡的代表（A　　）。在這種咖啡中放入大量的砂糖，趁熱3～4口喝完，然後再細細感受其後味，這是義大利咖啡流。

　　在咖啡濃度方面，最近義大利咖啡豆的烘焙程度也變淺，因此不是所有的義大利系咖啡都比西雅圖系咖啡濃，這也是嗜好方面的一個變化。

　　街上到處都可以看到義大利人在早晨上班前、工作空檔、正餐後等生活的各種場景，都會在店鋪窗前輕鬆來一杯（B　　），這已經與人們的生活密不可分。這些店鋪中工作的（C　　），不僅要熟知咖啡，同時要求要具備雞尾酒等專業知識，能夠全方位處理店內任何工作的能力。

項　目	西雅圖系咖啡	義大利系咖啡
飲用方法	有咖啡拿鐵等各式各樣的調製方式	一般只有單品咖啡加入砂糖
服務	（D　　）	（E　　）
外賣	（F　　）	（G　　）
有無冰咖啡	一般情況有	很少
咖啡機器相對於客人放置的位置	背對客人的位置（雖然看不到義式濃縮咖啡師的操作，但可以跟客人聊天）	正面對客人的位置（可以看到義式濃縮咖啡師的操作，欣賞到其精湛技藝）

問題 04 的選項

①自助形式（在收銀台點餐支付後，自己端到桌子上進餐的形式）

②少量（雖然就近有外賣形式，但能夠外帶的店仍是很少）

③站著飲用（咖啡店大部分都是客人在窗邊站著喝咖啡的形式）

④義式濃縮（口味非常濃醇，使用小型杯飲用）

⑤一般情況下有（雖然各地情況不一樣，但整體來看大約八成的店鋪都有外賣）

⑥咖啡吧（指能夠吃到簡餐的咖啡店，在義大利説CAFFE一般不指店鋪而是指咖啡本身）

⑦咖啡師（barista。在咖啡吧窗邊接受客人訂單沖泡咖啡的職業，相關方面的專家）

義大利的咖啡吧是什麼？

咖啡吧與義大利當地社會緊密相連，是人們生活中不可或缺的角色，可以説已經完全融入義大利的街景當中。不僅可以來杯咖啡，也可以根據自己的節奏，按照即時的心情順路到任何一家咖啡吧，把咖啡吧作為一個能夠享受料理、酒與交流的空間來看待。

問題 04 答案

A-④　B-⑥　C-⑦　D-①　E-③　F-⑤　G-②

人們是如何品味不同咖啡的味覺、風味的呢？

 人們會根據個人喜好往咖啡裡加入砂糖和牛奶，那還有別的可以加的嗎？

 雖說都是加糖和牛奶，但如果瞭解幾個主要咖啡種類的特點，就能夠更深地享受咖啡箇中滋味。

 **問題 05** 從右側一頁①～⑦的選項中選擇填入A～G的括弧中。

　　提起咖啡裡的添加物，一般會想到牛奶和糖，但回溯到（A　　）的沖泡方法確立的十六世紀，那時候還沒有使用牛奶和糖的習慣。牛奶第一次被用來加入咖啡是在1600年左右，荷蘭大使紐霍夫在中國停留時期，不喝加入了奶的茶而只喝加入牛奶的咖啡。1685年，法國名醫修魯‧莫寧把（B　　）應用在醫療當中，從此以後在法國的家庭中開始流行。糖第一次被使用在咖啡中是在1625年的開羅，當時為了緩和咖啡的苦味而添加。跟咖啡比較相配的糖中有（C　　）和（D　　），還有（E　　）。

項　目	西雅圖系咖啡
（C　　）	有清爽感，清甜，沒有任何特殊的味道，不會破壞咖啡原本的風味。
（D　　）	加入咖啡之後不會立即融化，特徵就是溶解緩慢。可以品味到隨著時間推移而帶來的味道上的變化。
（E　　）	也叫做白砂糖，精製度比較高，甜味重、結晶細膩、有潤濕感。

問題 05 的選項

①牛奶咖啡（人們原本想讓咖啡發揮其藥用價值而把咖啡作為藥物使用的）

②細砂糖（細顆粒狀結晶，精製糖的一種，在糖類物質當中熱量最高）

③煉乳（經常在越南式咖啡中使用）

④上白糖（在日本的砂糖中，上白糖比較常見。而在世界，則以細砂糖比較常見）

⑤咖啡糖（在冰糖中加入焦糖溶液使其變成茶褐色的物體）

⑥稀奶油（有植物性奶油和動物性奶油，根據咖啡豆不同的烘焙度區分使用）

⑦土耳其咖啡（用水煮沸後只喝上層澄清部分。於2013年登載入聯合國教科文組織的世界無形文化遺產中）

主要牛奶種類的說明

（F　　）
植物性奶油口味清淡，適合輕度烘焙的咖啡。 動物性奶油牛奶味道濃厚，適合濃一些的咖啡。

奶油粉末
從生牛奶中分離出來，奶油成分均勻化的一種物質。不會讓咖啡變淡，能夠讓咖啡柔和風味與醇厚口感發揮的淋漓盡致。

牛奶
與等量稍穠些的熱咖啡混合便是一杯牛奶咖啡。若是在義式濃縮咖啡中加入牛奶和打發的奶泡就成了一杯卡布奇諾。

（G　　）
也叫做加糖煉乳。味道比較濃重，適合加在冰咖啡裡。

問題 05 答案

A-⑦　B-①　C-②　D-⑤　E-④　F-⑥　G-③

問題 06 從右側一頁①～⑦的選項中選擇填入A～G
的括弧中。

　　1980年代在美國博得大眾喜愛的咖啡中有（A　　　）。近些年，日本咖啡廳裡的人氣咖啡除了拿鐵和卡布奇諾之外，還有巧克力系、堅果系、肉桂系等的調味料系的（B　　　），在注滿咖啡的咖啡杯中放入肉桂棒等風味素材的這種飲用方式，也被各個年齡層熟識而逐漸固定下來。除香辛料以外，還有加入鮮奶油、巧克力、酒等的飲用方式，這些都被稱作（C　　　）。比較常見的類型如下表：

各國主要的調製咖啡

調製咖啡種類	說明
（D　　　） 奧地利	19世紀中期開始被人們飲用。在日本是用咖啡杯飲用，而在維也納一般是在玻璃杯中製作，放在小托盤上提供給客人飲用。
（E　　　） 義大利	在義式濃縮上加入牛奶製作的圖案。在蒸氣牛奶中加入義式濃縮並繪圖的咖啡叫做拿鐵瑪奇朵，義式濃縮與牛奶比例不同可以調製出各式不同的咖啡。
（F　　　） 美國	是咖啡摩卡（加入了巧克力的咖啡）與卡布奇諾組合出來的新詞，使用義式濃縮做出來的咖啡。在日本近幾年也在飲用。
（G　　　） 法國	據說當時拿破崙特別喜愛，後來成為法國皇室專用的咖啡。在勺子中放入方糖，浸入白蘭地中並點火，再放入杯中。可以盡情享受其芬芳與氛圍。

問題 06 的選項

①調製咖啡（也叫花式咖啡）

②皇家咖啡（豪華咖啡，可以享受到白蘭地的芳香，欣賞藍色火焰的一種飲用方式）

③風味咖啡（咖啡的風味中加入人工香料，品嘗香味）

④咖啡瑪奇朵（在義式濃縮中加入少量的泡沫牛奶製作出來的飲品）

⑤摩卡奇諾（在義式濃縮中加入牛奶和巧克力的飲品）

⑥風味糖漿（與牛奶咖啡混合可以品嘗到不同口味咖啡的糖漿，使用起來非常方便）

⑦Einspaenner（在日本，與維也納咖啡最相似的咖啡）

Q 請教給我們幾個調製咖啡的例子吧！

A 例如，調製品可以按照下面的方法進行調製。

通過加水調製：美式淺焙咖啡、美式咖啡（義式濃縮中加水）

通過加入牛奶調製：牛奶咖啡、瑪奇朵、卡布奇諾、拿鐵

通過加入果汁調製：羅馬諾（義式濃縮咖啡中加入砂糖、檸檬汁）

通過加入糖漿調製：香草咖啡（加入香草糖漿）、蜂蜜咖啡（加入蜂蜜）

問題 06 答案

A-③ B-⑥ C-① D-⑦ E-④ F-⑤ G-②

與咖啡相關的資格認證有哪些？

我聽說有很多像義式濃縮咖啡師這樣令人憧憬的咖啡專家，他們到底擔任什麼樣的角色？

他們在義大利，是要掌握咖啡、酒的專業知識，同時也被委任管理店鋪的專家。

從右側一頁①～⑦的選項中選擇填入A～G的括弧中。

　　近些年出現了站在咖啡消費者一方進行味覺評價，並與生產者共用評價的一種發展趨勢，為了能夠公正評價，於是產生了一批在葡萄牙語中稱作Classifcador的（A　　）。

　　在日本國內知名度最高的是（B　　）這種國家資格認定制度，通過學習如何區分味道類型，如何進行杯測，學習生咖啡豆分級方法、拼配咖啡的製作知識和品味手法，最終考試合格後會被授予咖啡品鑑師的資格。另外還有美國精品咖啡協會發起的（C　　）及咖啡品質協會發起的（D　　）。

　　在日本與咖啡相關的資格認定在不斷增加，有全日本咖啡工商行會聯合會認定的（E　　）和日本精品咖啡協會認定的（F　　），根據各個團體的性質不同內容稍有不同。另外，義式濃縮系的咖啡連鎖店以及大型咖啡製造商等，會在公司內部舉行獨立的資格考試，如果獲得認可，就在其公司內部被認定為（G　　），但並非國家認定的正式資格。

問題 **07** 的選項

①CQI認證Q級別（根據SCAA標準能夠評價咖啡的技術人員）

②咖啡名人（能夠設計各種豐富多彩的咖啡生活之專業咖啡師認定）

③咖啡品鑑師（擁有對咖啡品質和味道的判定，決定商品價值的任務和許可權）

④咖啡專職講師（有咖啡專職講師1級、2級以及咖啡品鑑師的資格認定）

⑤咖啡師（不擁有國家認證資格。有相互競技咖啡師技能的世界咖啡師冠軍賽
（WBC）。參考第8章問題08的咖啡小知識）

⑥巴西（研修聖多斯市工商會議所的課程後取得相應資格）

⑦SCAA認證咖啡杯審議員（取得SCAA認證的杯測審定資格證明）

Q 世界咖啡師冠軍賽是什麼？

A 作為當今世界最高級別的義式濃縮咖啡師的競技大會，美國精品咖啡協會與歐洲精品咖啡協會於2000年舉辦了世界咖啡師冠軍賽。各國咖啡師冠軍（也有特別指名參加的）參加這項大賽競爭世界冠軍頭銜。2014年日本人首次獲得冠軍。

問題 **07** 答案

A-③　B-⑥　C-⑦　D-①　E-④　F-②　G-⑤

問題 08　從右側一頁①～⑦的選項中選擇填入A～G的括弧中。

　　在義大利提到CAFFE，就是指的義式濃縮咖啡本身，但無論哪個村鎮都必定會有供人們休息聊天的場所，叫做（A　　）。在這裡，早上提供卡布奇諾，中午提供午餐和義式濃縮，晚上提供餐前酒和其他酒類，如此這般店鋪性質也在一天之內會有不同變化。與日本大多數的咖啡館（B　　）不同，在（C　　）一般是下訂單後接著結帳，然後才可以取走餐飲。

　　在義大利國內甚至有這樣一句諺語：「隨便扔石頭就能扔到一個（A　　）」，可見這種店鋪的普及程度極高，遍佈街道，是人們生活不可或缺的存在。之所以受到人們的支持和喜愛，除了能夠發揮其作為（D　　）的作用外，從300年前開始，就是人們聚在一起議論和交換日常生活訊息的場所。用咖啡機瞬間萃取的（E　　）放在小型杯中飲用，或是（F　　）這種普遍的飲用方式，再加上每杯咖啡價格相當便宜，構築了迄今為止的咖啡文化。另外，每家店鋪之所以都有自己獨特的氛圍，那是因為在店內製作飲品、負責咖啡杯和內部裝修設計以及播放的音樂，甚至店鋪運營等的（G　　）帶著專業的意識進行工作，認真服務每位客人的需求，於是形成了每家店鋪不同的風格。

不同類型的咖啡吧	
義大利高級餐廳	以餐飲為主的形式
愛諾特卡餐廳	以提供紅酒或白酒為中心的形式
咖啡吧	以提供咖啡為中心的形式
披薩吧	以提供義大利麵和披薩為中心的形式
帕尼諾餐吧	以提供三明治為中心的形式
Pasticceria餐吧	以提供Dolcè（甜點類）為中心的形式
Gelateria餐吧	提供義大利冰淇淋為中心的形式

義大利的Gelateria餐吧

問題 **08** 的選項

①社交場所（可以在自己常去的咖啡吧中與義式濃縮咖啡師輕鬆地聊天）

②義式濃縮（深度烘焙的咖啡豆研磨成極細粉，並用專用的咖啡機器萃取的咖啡）

③站著飲用（一般情況下都是在義大利的咖啡吧窗邊處飲用）

④咖啡師（在咖啡吧沖泡義式濃縮咖啡的人，意為咖啡吧的經營者）

⑤全服務（在日本的咖啡館一般都配有桌椅，由店員端上咖啡）

⑥咖啡吧（在義大利站著飲用義式濃縮的餐飲店）

⑦自助服務（在義大利基本都是站著飲用，餐飲的價格比較便宜）

**咖啡
小知識**

【所謂的咖啡師】

咖啡師（Barista）在義大利語當中是「在咖啡吧（Bar）中提供服務的人」的意思。咖啡師是在咖啡吧中不可或缺的角色，既需要擁有豐富的萃取技術，又要求能夠專業地滿足客戶需求，到夜晚還提供酒精類飲品，可以說是咖啡吧的門面。

順便提一句，每年有60多個國家的咖啡師冠軍參加「世界咖啡師冠軍賽（WBC）」，比賽沖泡咖啡的技術。2007年首次在亞洲舉辦的比賽於東京召開，2017年則在韓國首爾召開。這可以說是咖啡師在亞洲受到歡迎的一種展現。

問題 **08** 答案

A-⑥　B-⑤　C-⑦　D-①　E-②　F-③　G-④

第9章

咖啡與市場學

第 **9** 章
咖啡與市場學

世界咖啡市場有什麼變化嗎？

 最近經常會聽到**精品咖啡**這樣一個名字，具體是指什麼？

 像**可持續發展、源頭可追溯**這種受重視的高品質咖啡，其概念逐漸在全世界範圍內滲透。

 問題 **01** 從右側一頁①～⑧的選項中選擇填入A～H的括弧中。

以為消費者帶來感動為目的的精品咖啡，與追求均一性與產量的一般咖啡（A　　　）是分開經營的，可以說是完全不同的市場。

如果從主要的歷史動向來整理精品咖啡，會發現生產者與消費者之間共同追求咖啡品質，盡可能建立相等的價值觀這樣一種趨勢。

自從1982年（B　　　）提出了精品咖啡的概念之後，消費國繼承了基本概念，設立了諸如（C　　　）、（F　　　）、（H　　　）等的協會以及專門經營精品咖啡的商社，出現了試圖加深與生產國之間聯繫的趨勢。另一方面，在生產國設立了（D　　　）協會，在消費國的（C　　　）的協助和支援下啟動了（E　　　），另外還舉行了國際品評會（G　　　）這樣的活動。

近些年，精品咖啡的趨勢這一全球性的浪潮也傳入了日本，咖啡市場及咖啡商務越來越受關注。

問題 01 的選項

①ICO（1963年設立。國際咖啡組織，International Coffee Organization）

②BSCA（巴西精品咖啡協會，Brazil Specialty Coffee Association）

③大眾咖啡（也叫日用消耗品咖啡，在商品期貨市場交易）

④SCAE（歐洲精品咖啡協會，Speciality Coffee Association of Europe）

⑤Cup of Excellence（美食咖啡項目中發展而來）

⑥埃盧那・庫努森（提出「特殊的地理環境會孕育特殊的咖啡」）

⑦SCAJ（日本精品咖啡協會，Specialty Coffee Association of Japan）

⑧SCAA（美國精品咖啡協會，Specialty Coffee Association of America）

1975年	美國的（B　　）提出了精品咖啡（Specialty Coffee）這一概念
1982年	美國設立（C　　）
1991年	巴西設立（D　　）
1997年	（E　　）的美食咖啡專案在巴西、蒲隆地、衣索比亞、巴布亞紐幾內亞、烏干達啟動
1998年	歐洲設立（F　　）
1999年	在巴西舉辦首次（G　　）的拍賣活動（BSCA為主辦，SCAA為贊助）
2003年	日本設立（H　　）

問題 01 答案

A-⑤　B-⑥　C-⑧　D-②　E-①　F-④　G-⑤　H-⑦

咖啡在全世界每日日均消耗量達到了20億杯，是交易規模僅次於石油的第二大國際商品。想要掌握咖啡市場，理解咖啡市場上發生（或正在發生）的變化非常重要。下面按照年代順序對歷史上的主要事件和變革進行了整理。

19世紀後半期出現了（A　　）這種變化，正處在咖啡大量生產，大量流通成為可能的時期。1970年代前後由星巴克、塔利咖啡等西雅圖系咖啡連鎖店引領了使用深度烘焙豆的潮流，這種變革被認為是（B　　）。

1996年，星巴克在銀座開設1號店，成為西雅圖系咖啡店在日本開店的星星之火。2000年前後出現了店鋪努力提供高品質咖啡豆，做出美味咖啡的趨勢。舊金山的賽特格拉斯（Sight Glass）、弗巴來魯咖啡（Four Barrel Coffee）、利馳咖啡烘焙（Ritual Coffee roaster）、藍瓶咖啡（Blue Bottle）都是高品質咖啡的發源地，可以稱之為當地的四大咖啡烘爐。這些地方追求咖啡豆出身、講究高品質以及沖泡方法，可以說是（C　　）的萌芽，這被稱為咖啡市場的（D　　）。

在日本，為了順應這種動向，2003年啟動了（E　　），2005年舉辦了SCAA杯測評審員研討會，2007年召開了世界咖啡師冠軍賽（WBC）。另外在2013年流行語排行榜中位居第一位的就是（F　　），獲得極高人氣，咖啡被更多年齡層的人們接受，成為人們習以為常的存在。

另一方面，還有一種咖啡不單單追求咖啡本身的高品質，而且還在不斷改善咖啡生產地區自然環境及勞動者生活環境，為實現世界規模的可持續發展而著力，這種（G　　）也開始銷售，在認知度提高方面市場發揮了巨大作用。

在日本擁有7萬家以上大小不同規模的咖啡店、咖啡館，重新審視這些咖啡店的市場位置，開創飲茶文化新標準的時期已經到來。

問題 02 的選項

①便利商店咖啡（2014年實現1700億元（是前一年1.5倍）的急速成長）

②可持續發展咖啡（公平貿易認證咖啡，有機栽培認證咖啡等）

③日本精品咖啡協會（為了提高日本消費者對精品咖啡的認識，以及加深對世界咖啡生產者理解，而進行多方面活動）

④第二次變革（開始流行以義式濃縮為代表的深度烘焙咖啡）

⑤第一次變革（咖啡開始在一般家庭和職場普及）

⑥第三次變革（對重視源頭可追溯性和可持續性發展的咖啡之追求）

⑦精品咖啡（可追溯性（生產履歷）是否明確，可持續發展（品質持續穩定）是否能夠成立，在這兩方面非常重要）

咖啡小知識

【精品咖啡與認證咖啡】

精品咖啡的工作，包括從栽培到精製、烘焙等全過程中，提高品質管理策略，徹底執行品質管理方案，以及按照其相應品質進行等價支付等。這可以說是重視咖啡品質的一種交易。

另外一方面，公平貿易認證咖啡則是作為發達國家支援發展中國家的一種形式，通過保證咖啡最低交易價格及獎勵金，以協助咖啡生產者發展安定的生活，不對環境造成過大負擔，來保證生產者能夠在生產優質農作物的前提下辛勤勞作。

不論是精品咖啡還是認證咖啡，都是建立在生產者和消費者雙方相互理解的基礎上交易，但也要認識到兩者最終目的是不一樣的。

問題 02 答案

A-⑤　B-④　C-⑦　D-⑥　E-③　F-①　G-②

日本的咖啡市場現在的發展如何？

 在便利商店**沖泡的咖啡**好像非常有人氣？

 日本的咖啡市場，從各個意義上說都是處於非常火熱的狀態。

 **從右側一頁①～⑦的選項中選擇填入A～G 的括弧中。**

在世界大的潮流（變革）中，日本的咖啡市場方面按照大致年代概括如下：

首先在1950年～1980年左右，日本咖啡豆的進口量在（A　　）以下，基本上屬於完成持續增長的時期。1970年代後半開始出現（B　　），開始流行使用虹吸或滴漏單杯製作且全服務型的形式。從這個時期開始，（C　　）逐漸深入各個家庭當中。

後來，1980～2000年左右，150日圓一杯的低價銷售的（D　　）的出現對咖啡店帶來巨大影響，與此同時，加速這一進程的是使用高壓萃取深度烘焙咖啡的（E　　）逐漸固定下來，自助型的（F　　）成為一大熱潮。

另外，1990年後半段開始，發源於美國西海岸的（G　　），開始重視咖啡豆的種植以及流通過程，是一種在家烘焙，講究咖啡沖泡方式的咖啡，在日本與（B　　）這一種形式和服務結合，可以說日本的咖啡店文化再一次受到了國外的熱切關注。

問題 03 的選項

①西雅圖系咖啡（發源於西雅圖，義式濃縮不論是熱還是冰都可以調製的咖啡）

②咖啡連鎖店（如Doutor Coffee Shop（羅多倫咖啡店）等）

③咖啡豆進口解禁（1950年實現時隔八年之久的咖啡豆進口解禁，物品稅每年也在下降）

④精品咖啡（在SCAA的咖啡杯測評分中總分80以上的高品質咖啡，參考第2章問題06）

⑤義式濃縮咖啡（通過蒸氣壓力萃取咖啡。參考第5章問題01）

⑥即溶咖啡（日本從1950年代開始進口，於1960年代以後開始國內生產）

⑦咖啡專營店（能夠提供各種咖啡款式的店鋪）

Q 我聽說過Single Origin這個單詞，具體是指什麼呢？

A 所謂Single Origin，即咖啡產地不是按照國家為單位，而是按照莊園這樣的小型單位進行區分，在咖啡的種植品種、收穫時期甚至精製方法都非常講究，是一種不與其他莊園的咖啡混合在一起的單一品種咖啡。

精品咖啡對咖啡生豆品質的重視，主要體現在與世界各地的咖啡莊園直接簽訂合同，一是對於咖啡莊園來說能夠確保其生活安定，另外對於消費者來說，能夠長期穩定地享受到美味的咖啡，這些理念都是共通的。

問題 03 答案

A-③　B-⑦　C-⑥　D-②　E-⑤　F-①　G-④

 問題 **04** **從右側一頁①～⑦的選項中選擇填入A～G 的括弧中。**

　　回顧日本咖啡和咖啡店的歷史，1960年代實現咖啡生豆進口自由化，常規咖啡消費量擴大，咖啡逐漸作為日常生活中常見的飲品被人們認知。

　　被稱作（A　　　）的咖啡店流行起來，同時（B　　　）也在近一段時間開始普及。1970年代誕生了許多提供自家烘焙咖啡的咖啡專營店，「太空侵略者」等風靡全世界的（C　　　）等。

　　1982年咖啡館市場營業達到高峰的一兆七千億日圓之後開始有下降趨勢，到2011年減少到一兆日圓以下。進入1980年後，日本市場出現了巨大變化。1980年（D　　　）誕生1號店，1996年可以稱作西雅圖系咖啡代表的（E　　　）也開設了1號店。加入的新型形態後在2008年出現了（F　　　），2012年（G　　　）也開始經營咖啡，日本咖啡市場超越了行業形態，競爭越來越激烈。

問題 **04** 的選項

①遊戲飲茶（在坐位處配置了遊戲機，可以一邊吃簡餐一邊玩遊戲的飲茶形式）

②麥當勞（提供頂級烘焙咖啡，以其濃郁和香醇為賣點）

③便利商店（便利商店咖啡在2013年成為第一名人氣商品）

④即溶咖啡（把咖啡豆提取的液體乾燥後加工成粉末狀）

⑤星巴克咖啡（1971年開業。與義式濃縮為主打商品，在全球60個以上的國家開展事業）

⑥純飲茶（直至1975年左右，不經營酒精類的純粹飲茶店使用的名稱）

⑦Doutor Coffee Shop（羅多倫咖啡店，自助式咖啡連鎖店。在日本國內店鋪數量最多）

Q 純飲茶的店是什麼樣的店？

A 純飲茶是在昭和30年代後半（1955年後）飲茶店（咖啡館）急速增長的時期，在一片混沌當中誕生的名稱。當時不僅僅是店鋪數量增加，還出現了各種不同營業形式的飲茶店。例如除了「歌聲飲茶」、「名曲飲茶」等，還有「美人飲茶」、「地下飲茶」等的女性服務員進行招待的飲茶店。爾後，昭和39年（1964年）修訂和實施了風俗店經營法，經營風俗的店鋪與經營飲品的店鋪分開獲取經營許可。因此，有時為了宣傳該店只是純粹喝茶的店，會在店門前的招牌上寫上「純喝茶」的字樣，至此這種店鋪登上了歷史舞臺，並慢慢擴展開來。

問題 **04** 答案

A-⑥　B-④　C-①　D-⑦　E-⑤　F-②　G-③

哪些咖啡是人氣咖啡？

 經常會聽說西雅圖系咖啡店，在這裡能喝到什麼特殊咖啡嗎？

 能夠根據個人喜好調製出各式各樣不同的咖啡，這是它比較受歡迎的原因吧！

 **從右側一頁①～⑦的選項中選擇填入A～G的括弧中。**

　　消費者往往會帶有嘗試各種新事物的欲求，從咖啡方面來講，如果產生了對某種新風味或味道的需求，其相應的市場就會擴大。

　　1980年左右，在美國出現了在咖啡中添加牛奶，再加入肉桂、或者巧克力、杏仁等香料混合後的（A　　），作為大眾化的商品被人們接受。根據國家的不同加入的香料會有所不同，例如在中東諸國會加入（B　　），在義大利會加入（C　　），北歐會加入（D　　），不同地區的人們會飲用加入各式香料的咖啡。

　　近些年，日本咖啡館裡也出現了使用（A　　）的（E　　），很受歡迎。原本人們強烈認為有香味和苦味的咖啡才好喝，如果連這款飲品都叫做咖啡的話，那看來根據年齡層的不同大家所熟識的咖啡是不一樣的。比如對於現今的年輕人來說，星巴克或塔利咖啡的（F　　）是最為普遍的，那麼對於年齡稍大的人來說，更加習慣咖啡店或是罐裝咖啡。

　　也就是說，各個年齡層對咖啡味道的喜好偏向不同，理解這一點在咖啡市場行銷方面是非常重要的。就像最近流行起來的一個新詞「輕奢」，星巴克裡的人氣商品（G　　）的需求不斷增加的理由之一，就是該飲品給人「稍微有些奢侈」的印象，是一款能夠製造氛圍的商品，這也可以說是市場行銷的一個策略。

問題 **05** 的選項

①奶油（深度烘焙的咖啡中加入奶油就會變得自然柔和，比較容易飲用）

②星冰樂（以咖啡味基底，加入牛奶、奶油，與刨冰攪拌後的飲品）

③西雅圖系咖啡（從美國西雅圖的咖啡店發跡的咖啡）

④風味咖啡（烘焙時加入香料噴霧，或是萃取後的咖啡中加入香料）

⑤果味飲料（糖漿中使用各種水果、漿果進行調味）

⑥香辛料（加入帶有清涼感的豆蔻的咖啡口感清爽，受人歡迎）

⑦風味拿鐵（甜度適中，奶味十足，味道類似於甜點的拿鐵）

Q 在日本飲用風味咖啡的人增加了嗎？

A 在日本，風味咖啡仍然只限於是星巴克中的人氣飲品，還沒有浸透入家庭。風味咖啡中以夏威夷的咖啡最為著名，但有的風味咖啡並不在夏威夷銷售，而是專門為日本人單獨開發的的。近些年，帶有香味或味道的風味飲用水在年輕人中比較流行。年輕人往往會覺得單純的水不能滿足個人需求，風味飲用水不僅可以稍稍改換一下心情，又帶有時髦感。按照這樣一個風潮，不久的將來，日本風味咖啡的需求，也會應運而生的可能性非常大。

問題 **05** 答案

A-④　B-⑥　C-⑤　D-①　E-⑦　F-③　G-②

問題 06 從右側一頁①～⑦的選項中選擇填入A～G的括弧中。

　　餐飲是否美味，不僅來自味覺和視覺，同時很大程度上也會受到場地氛圍的影響。特別是像咖啡店這種轉換心情或是放鬆休憩的地方，環境在市場行銷方面是個非常關鍵的要素。

　　經營思想家皮特‧德拉卡曾說過，星巴克咖啡不單單銷售咖啡，更多的是為顧客提供一個舒心的（A　　），開創了這樣一種全新的事業理念，這是一種（B　　）的概念。美國社會學者雷‧奧爾登伯格把這個概念作為提高城市魅力的存在提出：最佳場所是（C　　），其次為（D　　），連接兩者的中間地帶為第三。可以說他指出了美國餐飲設施中缺少義大利的（E　　）或是英國的（F　　）能夠見到的「休憩與交流的場所」。

　　日本經營學家竹內弘高、楠木建等，認為星巴克咖啡通過努力提高咖啡本身品質的同時，提供能夠讓人們放鬆的空間，創造出了以往咖啡店和飲茶店從未見過的新範疇，作為（G　　）的事例列舉出來，同時指出即便是從任意一家企業購買的無差異商品也可以重新定義理念和商務模式，讓顧客接受新的價值，這樣一種策略在市場行銷方面非常重要。

問題 **06** 的選項

①家（生活‧睡眠‧飲食的場所，和家人一起居住的地方）

②咖啡吧（吃早飯或是下班回家路上順便到咖啡吧，是喝一杯咖啡或者進行資訊交流的地方）

③小酒館（Pub，喝酒帶小菜，是閒聊家常事以及進行政治討論、經濟評論的場所）

④範疇創新（開創新的範疇，成為代表品牌，就可以不經過競爭取得事業成長的一種策略）

⑤第三場所（地區共同體的核心。作為心靈寄託的地方而取的名字）

⑥職場（不僅在經濟成長方面，對於個人成長和人與人交流來說，是不可欠缺的地方。學校也同樣）

⑦創新（皮特‧德拉卡也提出「想要在創新方面成功的話，必須著重幾種焦點，選擇單純的事物）

Q 能再詳細介紹一下第三場所的特徵嗎？

A 雷‧奧爾登堡對第三場所的特徵進行了以下列舉：

‧免費或者價格便宜

‧進出方便，能夠走到的地方

‧人們作為一種習慣聚集

‧大家都能友好相處，心情舒暢

‧新老朋友都能見面交流的地方

問題 **06** 答案

A-⑤　B-⑦　C-①　D-⑥　E-②　F-③　G-④

在日本國內的咖啡市場中，有地域性特徵嗎？

 在日本，飲用咖啡已經相當普遍，具體哪裡是喝咖啡最多的地方呢？

 試問人們飲用咖啡的地方？還是都道府縣中哪裡最多？實際上各自都有相應的特點，且非常有趣。

 問題 **07**　**從右側一頁①～⑦的選項中選擇填入A～G的括弧中。**

國內的咖啡市場，根據消費大致可以分成商用、家庭用、工業用三種。

根據2011年統計（酒類食品統計月報），常規咖啡的年度總消費量月26萬噸，按照消費量大小順序，消費最多的是（A　　），約10萬噸；其次為（B　　），約7.6萬噸；第三為（C　　），約6.9萬噸。

觀察國內清爽飲料的消費量曲線會發現，（D　　）的消費量基本沒有變化，而（E　　）的消費量明顯增加。另外，在三大消費當中，（B　　）的市佔率近年來增長很多，可以看出近些年很多人傾向於，在家庭內進行自我療愈及享受個人時間。

為了順應這種傾向，（F　　）通過各種銷售管道把常規咖啡和即溶商品帶入了家庭市場。

另一方面，（G　　）的年度消費量大概有120億杯，今後仍要開拓在家庭外的消費市場。

咖啡市場中，家庭內還是家庭外這樣的區隔越來越小，預計未來消費者的購買方式也會逐漸多樣化，這就意味著我們需要尋求一種新的市場行銷戰略。

問題 07 的選項

①商用（飲茶店、辦公室等沖泡的常規咖啡）

②星巴克（從2013年開始銷售家庭用咖啡）

③常規咖啡（是指不論在家還是在店鋪，都是使用咖啡豆沖泡的咖啡）

④工業用（成為罐裝咖啡、塑膠瓶裝咖啡、杯裝咖啡等的原料的咖啡）

⑤家庭用（在家沖泡的常規咖啡和即溶咖啡）

⑥雀巢（實施了充分發揮自家公司咖啡機的作用，擴大咖啡飲用機率的戰略）

⑦即溶咖啡（也有消費者喜歡通過即溶咖啡追求真正的香味）

Q 「家咖啡」是什麼？

A 近些年，在自己家裡一邊飲用咖啡一邊吃甜點稱作「品味咖啡心情」，為了能在自己家中放鬆心情，或能夠悠閒度過時光，有些人甚至連咖啡相關的陳設和物件都置備齊全。造成這種趨勢的原因包括小家庭化和單人吃飯的消費環境，以及由網路發展帶來的消費需求方面的巨大變化，市場行銷對象擴大化等。

問題 07 答案

A-④ B-⑤ C-① D-⑦ E-③ F-② G-⑥

從右側一頁①～⑦的選項中選擇填入A～G 的括弧中。

通過總務省的家庭支出調查（2009年度），來看一下日本咖啡消費的地區差異。

每個家庭咖啡消耗量全國平均一年為2,130克，一天的消耗量為5.83克（包含即溶咖啡在內）。都道府縣的咖啡消耗量順序為（A　　）、（B　　）及北海道。同時可以發現從青森縣到山口縣日本海一側的咖啡消耗量多，太平洋一側的消費量則偏小，是這一代地域性特徵。

另外，按照都道府縣各行政廳所在市以及政令指定城市區別的家庭支出調查資料（2012～2014年）來看，咖啡的單個家庭年度支出金額（兩人以上家庭）最多的為（C　　）、其次為（D　　），再次為奈良市。咖啡飲品的消費量順序為（E　　）、（F　　）、青森市。最近從咖啡生豆（尚未烘焙的咖啡）與烘焙豆之間的進口量來看，（G　　）更多一些，有增加的趨向。單從資料上無法判明增加理由，但可以推測追求高品質咖啡的咖啡店增多，則是其中一項重要原因。

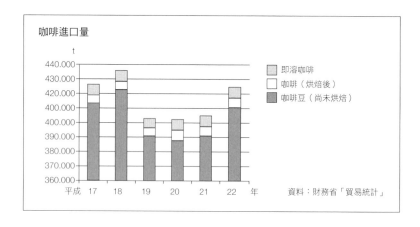

咖啡進口量

資料：財務省「貿易統計」

問題 **08** 的選項

①金澤市（日式生果子的支出中（2011～2013年）位居第一位）

②福井市（油炸物、炸豆腐的支出中（2011～2013年）位居第一位）

③新瀉市（清酒的支出中（2011～2013年）位居第一位）

④石川縣（點心消費量（2012年）位居第一位）

⑤奈良縣（家庭平均儲蓄額（2008年）位居第一位）

⑥咖啡生豆（從橫濱、神戶、名古屋等幾大港口進口）

⑦京都市（蔬菜、海藻的支出中（2011～2013年）位居第一位）

Q 還有其他跟咖啡相關的有趣資料嗎？

A 有一項「單個家庭在飲茶方面的年度支出額」調查，每年位於前列的名古屋市、岐阜市等的支出額是全國平均水準的2倍以上。

原因好像是因為有「早點」這樣一個概念，一般情況下提到「早點」，會聯想到購買一些飲品，加上烤吐司和煮雞蛋這種簡單餐飲。但中京圈的咖啡店中的服務內容，與普通飲食並無差異，提供餐飲的時間段則是從早到晚這樣的全時段早點。

地域文化深刻地影響著消費，可以看出日常生活中咖啡店發揮了飲用咖啡以上的機能。

問題 **08** 答案

A-⑤　B-④　C-⑦　D-①　E-②　F-③　G-⑥

第10章

裝入容器的咖啡飲料與即溶咖啡學

第10章
裝入容器的咖啡飲料與即溶咖啡學

裝入容器的咖啡飲料是怎麼回事？

許多飲料的容器都是以使用寶特瓶居多，但是好像很少看到咖啡這樣裝耶？

咖啡飲料使用限定的材料為容器，是有其原因的。

問題 01　從右側一頁①～⑦的選項中選擇填入A～G的括弧中。

　　裝飲料的容器有鋁罐、不銹鋼鐵罐、塑膠瓶等，在食品衛生法的分類中把它分到（A　　　）這一目錄下。根據（公司）全國清涼飲料工業會，2012年清涼飲料的容器資料中，（B　　　）占的比率達到全體的七成，但咖啡飲料中，（C　　　）這種容器占接近八成。關於這種容器，有兩大類，一類是由蓋子和罐身製作的（D　　　）以及由蓋子、罐身、罐底製作的（E　　　）。咖啡飲料使用的容器之所以後者占主流，是因為咖啡在熱的狀態下就必須灌入容器內，不然不能保持液體均勻，同時能夠避免開封時突然噴出造成燙傷，因此罐裝時會選擇叫做（F　　　）的容器。根據近幾年的調查，與流行黑咖啡的趨勢相應，咖啡容器的需求有從不銹鋼鐵罐向鋁質（G　　　）轉移的傾向。與易開罐形式的罐裝咖啡相比能夠更大口飲用，因此更能享受黑咖啡的香氣和味道。另外，這種容器方便攜帶，在想喝咖啡的時候隨時都能喝到，在日常的大多場景下亦能看的到，從這個角度來考慮，咖啡罐發揮的不僅僅是容器的作用，也是能傳達企業形象及反應流行趨勢相關的物品。

問題 **01** 的選項

①2P（兩片罐。咖啡罐罐身與罐底一體，再加上蓋的形式）

②瓶裝罐（鋁質罐在2000年開發之後，銷售額增長了15倍）

③塑膠瓶（蓋子能夠再次蓋上非常方便，同時可以回收利用，一種利於環境的容器）

④易開罐（根據食品衛生法，對高溫高壓殺菌時的耐受力有要求）

⑤陰壓罐（罐內壓力低於大氣壓的罐）

⑥3P（三片罐。圓筒狀罐身加上上蓋和下蓋）

⑦清涼飲料（不含酒精成分的飲用液體，帶有味道和香氣的飲料）

Q 聽說罐裝咖啡中鋁質罐咖啡增多了，是真的嗎？

A 在法律上規定咖啡飲料必須經過高溫高壓殺毒處理，從耐受力方面考慮，大部分情況要使用不銹鋼製鐵罐。另外，含有牛奶成分的咖啡，內部填充氣體以提高強度的鋁質罐往往難以識別肉毒桿菌的繁殖。從這些方面考量，咖啡製品業界內都是自主規定不使用鋁質咖啡罐。但是，由於近年的衛生管理進步，2014年8月已放開的鋁質咖啡罐的使用限制。

問題 **01** 答案

A-⑦　B-③　C-④　D-①　E-⑥　F-⑤　G-②

　　罐裝咖啡等裝入容器的咖啡飲料，從清涼飲料總體的產量來看，僅次於碳酸飲料位居第
二，一年消費量為290萬kl（按照190g一罐換算平均每人年消費量約120罐），橫向發展波
動不是很大。咖啡飲料的普及，對日本形成獨特的咖啡文化做出了非常重要的貢獻。具體
來看，（A　　）放置在屋外，無論何時何地都能品嘗到咖啡，這種良好的治安環境使得
日本咖啡市場有較大飛躍。另外，店鋪數量獲得突飛猛進增長的（B　　）也發揮了銷售
據點的重要作用。近些年，大多數的便利店都能以便宜的價格，提供沖泡好的咖啡。多以
（C　　）的形式提供。

　　從社會層面來看，最初的飲料罐拉環從罐身剝離下來，滿大街都散落著這種拉環，因此
從1980年開始，使用了從罐身上無法取下來拉環的（D　　）。

　　從便利性及用戶方面考慮，2000年中期開始，登上歷史舞臺的（E　　），生產商在能
夠回收利用且攜帶方便上，做出了很大努力。

　　另外在咖啡的飲用方式方面，一直不太習慣飲用（F　　）的美國在1990年代中期後
開始在都市內流行並固定下來。罐裝咖啡的銷售和（A　　）的導入逐漸展開。在歐洲，
2000年代後半在奧地利、克羅埃西亞、希臘等十個國家開始銷售罐裝咖啡。

　　日本在2000年代中期，伴隨著消費者的健康意識提高，且提供以苦味為特色的義式濃縮
咖啡之咖啡館開始普及，（G　　）減量的咖啡開始流行，對這種咖啡喜好變化呼應可以
說是領先於時代。

問題 02 的選項

①冰鎮咖啡（放入塑膠杯中的咖啡飲料）

②自動販賣機（據說日本全國設置了200萬台以上）

③糖分（近年日本對微糖、無糖咖啡的需求增加）

④冰咖啡（在美國的普及過程中，星巴克的成功作出了重要貢獻）

⑤便利商店（便利商店咖啡於2013年成為熱賣商品）

⑥瓶形罐（最初是鋁質，後來開發不銹鋼製以供使用）

⑦SOT（拉起拉環再復原後飲用口就會打開，但拉環不會從咖啡罐上剝離下來）

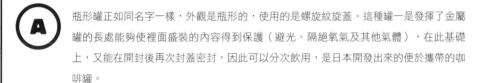

Q 請介紹一下瓶形罐的特徵和如何被開發的吧！

A 瓶形罐正如同名字一樣，外觀是瓶形的，使用的是螺旋紋旋蓋。這種罐一是發揮了金屬罐的長處能夠使裡面盛裝的內容得到保護（避光、隔絕氧氣及其他氣體），在此基礎上，又能在開封後再次封蓋密封，因此可以分次飲用，是日本開發出來的便於攜帶的咖啡罐。

問題 02 答案

A-② B-⑤ C-① D-⑦ E-⑥ F-④ G-③

罐裝咖啡的類別名稱（品名）是什麼？

咖啡罐上標注的「**咖啡飲料**」與普通咖啡有何區別？

日本的咖啡飲料上會標識相關的**公正競爭規約**※，可以區分成分。

問題 03 從右側一頁①～⑦的選項中選擇填入A～G的括弧中。

　　罐裝咖啡雖然以咖啡豆為原料，但其中90％為水，另外還有其他附加原料、甜味劑，例如添加糖類、牛奶或脫脂乳粉等的乳製品、以及讓咖啡液體中乳成分分布均衡的乳化劑等，這些物質封裝入罐中，就成了罐裝咖啡。咖啡飲料也有各種各樣，根據「咖啡飲料等標識相關的公正競爭規約」，通過100g飲料中咖啡生豆的使用量來進行區別。

　　具體來說，使用5g以上咖啡生豆的為（A　　　），2.5g以上不到5g的為（B　　　），1g以上不到2.5g的為（C　　　）。還有，不到1g的為清涼飲料。

　　另外，關於咖啡內含糖分的標識，必須符合「健康促進法」中日本厚生勞動省管轄範圍內的營養標識標準，在飲料糖分含有量中出現「不含」或「含量低」的標識時，規定了以下的基準值。

　　相當於糖分為零的（D　　　）這種標識，是指糖類物質每100ml含量不超過0.5g 的飲料製品；糖分相對較少的（E　　　）這種標識，是指糖類物質每100ml含量不超過2.5g 的飲料製品；再者，通常使用的（F　　　）這一用語，只限不使用任何乳製品或乳化食用油脂的情況使用。另外，咖啡飲料中含有乳品固體成分3％以上的使用（G　　　）這種飲品標識。（根據飲用乳製品相關的公正競爭規約、乳品及乳製品成分規格相關省令規定）

※由日本公正取引委員會主持，協助業界建立自律規範準則，為防止不當誘引顧客，確保公平競爭，事業或事業團體可以就贈品及表示的相關事項共同訂定「公正競爭規約」，經日本公正取引委員會認定之後，該「公正競爭規約」就可以做為業界自律與共同遵守的準則。

問題 **03** 的選項

①含咖啡的清涼飲料（生產量市佔率占比極少）

②微糖（也可以標識成「低糖」。與普通咖啡飲料每100ml中含7.5g糖相比減少2.5g）

③牛奶飲品（根據乳品固體成分占比，牛奶咖啡中也會把牛奶飲品和咖啡飲料區分開來）

④咖啡（生產量市佔率占七成以上）

⑤無糖（即使使用乳製品，糖類物質每100ml不到0.5g的話也可以標識成無糖）

⑥黑咖啡（只添加糖類的情況就一併標識為「加糖」「黑咖啡」）

⑦咖啡飲料（生產量市佔率占兩成以上）

咖啡小知識

咖啡小知識【糖類與糖質的區別】

最近總會看到用「零糖類」或是「零糖質」標識的清涼飲料或咖啡、啤酒等。所謂糖類，是單糖類、雙糖類的總稱，糖質是指從碳水化合物當中去除掉食物纖維的物質的總稱，因此可以說糖類是糖質的一部分。

正因為糖類是糖質的一部分，因此如果是「零糖質」的話可以判定是「零糖類」，但「零糖類」無法判定「零糖質」，這一點需要注意。

另外，「甜度低」這樣的標識無非是跟味覺相關，並不代表「糖類含量少」。

問題 **03** 答案

A-④　B-⑦　C-①　D-⑤　E-②　F-⑥　G-③

 **問題 04** 從右側一頁①～⑦的選項中選擇填入A～G的括弧中。

罐裝咖啡是加工咖啡時製作的二次產品之一，分類時屬於（A　　）市場的產品，相當於日本咖啡總體市場的三分之一左右。

罐裝咖啡使用的生豆品種為（B　　）。優勢在於較容易萃取出濃厚的味道，但直接飲用的話會有泥土味和比較濃重的苦味，因此（C　　）。

雖然咖啡罐的尺寸和種類會有所不同，罐裝咖啡的製造過程都是以每分鐘800～1600個的超高速進行。從原料投入→（D　　）→（E　　）→（F　　）→（G　　）→蒸餾殺菌→裝箱，所有的生產線工序都必須嚴格管理。

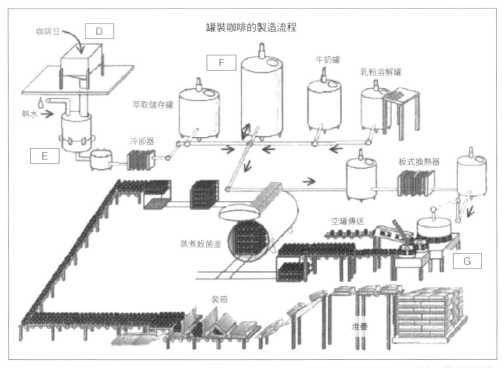

罐裝咖啡的製造流程

咖啡豆　D

熱水

萃取儲存罐　牛奶罐　乳粉溶解罐

F

冷卻器

E

板式換熱器

蒸煮殺菌釜　空罐傳送

G

裝箱

堆疊

※轉載自《想知道更多的咖啡學》、《咖啡學認定（高級）金澤大學編制》

問題 **04** 的選項

①拼配咖啡（拼配在一起的咖啡豆能夠相互襯托，價格又相對便宜，有諸多優點）

②工業用咖啡（裝入容器內的咖啡飲料以及製作點心、麵包等原料的咖啡總稱）

③調和（萃取的咖啡液體加入砂糖或牛奶等，製作商品的內容物）

④羅布斯塔種（可溶性固體成分較多，少量咖啡豆也可以進行萃取）

⑤粉碎（根據商品特性，儘量控制咖啡豆大小均一）

⑥填充（咖啡罐投入生產線後，經過洗淨、加蓋等工序對商品進行密封）

⑦萃取（萃取時的溫度、時間、熱水與咖啡豆的比例等都是全自動操控管理）

Q 罐裝咖啡的咖啡豆為何要使用羅布斯塔種？

A 羅布斯塔種不僅比阿拉比卡種便宜，而且少量的咖啡豆就能萃取出咖啡，且不會因為高溫而發生味道上的變化。羅布斯塔種通常不會直接飲用，可以通過各種拼配做成各種有個性的風味。另外，雖然跟罐裝咖啡沒有太大關係，但值得一提作為飲用羅布斯塔種的文化之一的國家——越南，就會使用特有的烘焙、萃取方法加入煉乳飲用。

問題 **04** 答案

A-② B-④ C-① D-⑤ E-⑦ F-③ G-⑥

即溶咖啡是如何製造出來的？

 能不能講一下**即溶咖啡**開發的歷史？

 即溶咖啡雖然誕生於美國，但其實是日本人開發的哦！

 問題 **05** 從右側一頁①～⑦的選項中選擇填入A～G 的括弧中。

　　從咖啡豆中萃取的液體經過乾燥，加工成粉末，只需加入熱水就可以完成一杯咖啡的
（A　　）是日本人開發的咖啡產品。其開發歷程，可以說是為了使咖啡變得可以即刻飲
用的過程中，不損失重要的（B　　）而不斷改進的過程。（C　　）年，在美國居住的日
本科學家（D　　）博士，在研究如何讓綠茶變得能夠即刻飲用的過程中，發明了咖啡萃
取液的真空乾燥技術，並於1901年在紐約州舉辦的泛美博覽會上命名為（E　　）。

　　之後變成一般消費品是在雀巢公司與巴西聖保羅州立咖啡研究所共同研究下，於1937年
完成製造技術，在（F　　）冠名雀巢商標開始銷售之後。

　　自（G　　）年，日本開始投入生產，伴隨著1961年即溶咖啡進口完全自由化，即溶咖
啡成為了日常飲品。

問題 05 的選項

①Soluble coffee（是指可溶性咖啡，從世界角度來看這個稱呼更為廣泛一些）

②即溶咖啡（咖啡呈粉狀、顆粒狀，易溶於熱水）

③1960年（咖啡原液通過噴霧、乾燥等製作方式開始批量生產）

④風味（在把咖啡萃取液進行粉末化的過程中，往往會失去咖啡獨特的味道和芬芳）

⑤Kato・Satori（據說Kato Coffee公司在博覽會上發送即溶咖啡樣品是世界首次）

⑥1899（咖啡先液體化之後再倒入真空蒸餾罐，去除水分，成功製成粉末）

⑦1938年（在瑞士開始銷售後，到1940年全世界已經有30個國家飲用）

Kato Coffee公司在博覽會上發送
的宣傳冊封面

問題 05 答案

A-②　B-④　C-⑥　D-⑤　E-①　F-⑦　G-③

即溶咖啡的製作流程，如右圖所示。

要經過烘焙生豆後變成茶褐色咖啡的（A　　）過程，數種咖啡豆混合在一起後的（B　　）過程，使用機器把烘焙好的咖啡豆弄碎的（C　　）過程，以及製作咖啡液體的（D　　）過程，這些工序與常規咖啡相同。

即溶咖啡是加入熱水後能夠馬上溶解的顆粒，因此按照咖啡萃取液去除水分的這一個過程可以區分成下表兩種不同的製法。

兩種製法相比較的話，進行噴霧乾燥的（E　　）要經過外部釋放蒸氣這樣一個過程，因此與萃取後不再加熱的（F　　）相比更容易讓（G　　）受到損失。

製法	特　　　　點
（E　　）	在高溫乾燥塔中，對濃縮後的咖啡液進行噴霧處理，使水分瞬間蒸發，就形成了乾燥後的咖啡細粉末。過程非常簡單，因此能夠大量生產，節約成本。
（F　　）	濃縮後的咖啡液用零下40度的低溫進行冷凍，在真空狀態下昇華，結冰部分就會直接消失留存下一定空間，形成較大顆粒。工序上比較麻煩的部分，將體現在生產成本上。

---

①研磨（也叫粉碎。研磨咖啡豆增加香味的過程）

②拼配（也叫組合。為了讓味道、香氣等達到相對好的均衡而對咖啡豆進行混合）

③烘焙（也叫烘烤。製作咖啡獨特顏色、芳香、風味的過程）

④風味（咖啡的芬芳）

⑤冷凍乾燥法（FD法。顆粒較大，高級咖啡多使用此法）

⑥噴霧乾燥法（SD法。顆粒較小呈粉末狀，比較容易溶於水）

⑦滴漏（粉碎後的咖啡豆放入合適水溫的熱水，萃取咖啡精華的過程）

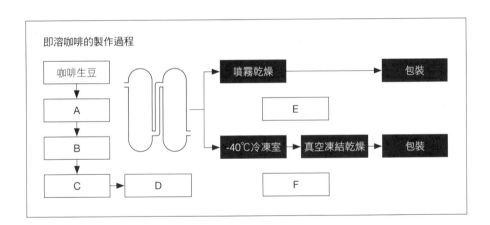

即溶咖啡的製作過程

咖啡生豆 → A → B → C → D

噴霧乾燥 → 包裝

E

-40℃冷凍室 → 真空凍結乾燥 → 包裝

F

問題 06 答案

A-③　B-②　C-①　D-⑦　E-⑥　F-⑤　G-④

即溶咖啡的進出口情況如何？

現在咖啡需求越來越大，那麼咖啡豆生產國會有什麼變化嗎？

從世界整體的占比來看，**亞洲國家**的產量逐漸在增加。

從右側一頁①～⑦的選項中選擇填入A～G的括弧中。

　咖啡貿易中生豆的貿易占大半以上，現在我們看一下即溶咖啡的進出口情況。

　2014年即溶咖啡出口量占第一名的是（A　　　），第二名是（B　　　），第三名是（C　　　）。以上無論哪個國家都擁有大型咖啡公司設置的即溶咖啡工廠，或者是銷往消費國的大規模烘焙爐工廠。

　另一方面，2014年即溶咖啡進口量占第一名的是（D　　　），第二名是（E　　　），第三名是（F　　　）。第四名是（G　　　），日本位居第五。

　日本咖啡市場中，即溶咖啡的消費量在4萬噸上下浮動，國內生產量是進口量的4倍。

問題 07 的選項

①印尼（約占世界的13%左右，約180萬袋。最高曾達到世界第二的位置）

②中國（約占世界的6%左右，約80萬袋。每年都在增長）

③菲律賓（約占世界的24%左右，約300萬袋。）

④加拿大（約占世界的10%左右，約125萬袋。）

⑤巴西（約占世界的25%左右，約335萬袋。從過去就一直佔據世界第一的寶座）

⑥俄羅斯（約占世界的15%左右，約200萬袋。）

⑦馬來西亞（約占世界的15%左右，約210萬袋。曾位居世界第三）

Q 咖啡計量單位「袋」，與普通計量單位是什麼關係？

A 咖啡交易當中，烘焙前的咖啡生豆都是用麻袋為單位進行交易的。

根據美國農業部和世界咖啡機構的統計資料來看，一袋的重量一般情況下相當於60kg，但實際上根據咖啡產地不同會有偏差。例如，巴西為60kg，哥倫比亞為70kg，中南美為150磅=68kg，夏威夷為100磅=45.4kg。

問題 07 答案

A-⑤　B-⑦　C-①　D-③　E-⑥　F-④　G-②

從右側一頁①～⑦的選項中選擇填入A～G的括弧中。

　　所謂的即溶咖啡，是指從咖啡豆萃取出可溶性的固體成分經乾燥後製作出的商品，原材料只有（A　　　），具體1kg咖啡豆能夠產出多少量的即溶咖啡量方面，由（B　　　）來決定。規定下「用以製作即溶咖啡的咖啡豆重量，必須是製作出的即溶咖啡淨重的2.6倍」，也就是說1kg的咖啡豆，能製作出來的即溶咖啡重量是385g。

　　另外，根據日本科學技術廳資源調查會編制的「第五次修訂日本食品標準成分表」（平成12年／西元2000年），即溶咖啡的成分為水分3.8%、蛋白質14.7%、脂肪0.3%、碳水化合物56.5%、礦物質8.7%、（C　　　）12%、（D　　　）4.0%，無機物以及維生素微量。

　　因為即溶咖啡（E　　　）比較高，所以蓋子一定封嚴，儘量不要放置在濕度太高的地方，開封後儘量一個月之內喝完。如果放置在冰箱內的話，放進拿出的時候往往會因為溫度變化會導致空氣進入形成水滴而受潮，也會發生沾染其他食品味道而損壞原來風味的情況，因此要特別留意。

　　想品嘗到美味即溶咖啡的訣竅是：1.預熱咖啡杯。2.加粉適量（一杯常規咖啡大約加一茶匙（1.5g）咖啡粉加入140ml水為基準）。3.熱水溫度與做滴漏咖啡一樣保持在（F　　　）℃上下。4.想放糖的話在加入熱水之後再放。

　　用在口感柔和易飲用的咖啡中的水最好為（G　　　）。

問題 **08** 的選項

①80～90（如果使用這個溫度的熱水，在飲用時正好是適合飲用的65～70℃）

②單寧酸（帶有澀味的物質，會隨著烘焙程度加深而減少）

③咖啡豆（如果使用咖啡豆以外的原材料就不再稱作即溶咖啡）

④軟水（鈣和鎂等物質的含量少，容易發揮咖啡特性的水）

⑤咖啡因（每100ml咖啡中含有60mg左右）

⑥國際咖啡協定（以維持咖啡供給平衡以及咖啡價格穩定為目的的規定）

⑦吸濕性（即溶咖啡因為是從液體乾燥後產生的物質，因此有容易再次返回液體的性質）

Q 即溶咖啡顆粒表面的變化以及變黑變硬的原因是什麼？

A 咖啡成分中包含的咖啡因，容易受潮結晶，就會依附在顆粒表面。如果進一步受潮就會變黑變硬。

雖然喝了對身體也並無大礙，但風味會大打折扣。

問題 **08** 答案

A-③　B-⑥　C-②　D-⑤　E-⑦　F-①　G-④

第 11 章

咖啡與健康
醫學・藥學

第 11 章
咖啡與健康醫學・藥學

近幾年作為嗜好品的咖啡受到了怎樣的關注呢？

咖啡不單單是好喝，最近會經常聽到跟身體有關的話題呢！

從**預防疾病**、**降低發病風險**等觀點入手的開發研究在不斷發展。

問題 **01** 　從右側一頁①～⑦的選項中選擇填入A～G
的括弧中。

　　不是以攝取營養為目的，而是為了獲取香味或刺激的飲品和食物叫做（ A 　　），其中包括咖啡、酒類、香菸等，人們可以通過這些物質獲得身心的興奮感或放鬆感。現在的日本國內到了食物能夠充分提供營養和滿足口感的時代，日本人的關注點已經轉移到了鑽研食物以及使用方法來（ B 　　）方面。2001年，日本厚生勞動省制訂了相應制度，許可健康食品能夠標示為具有保健功能的產品，並可以作為「保健食品」銷售，也就是一般情況下叫做（ C 　　）的產品。保健食品可以分成獲得厚生勞動省認可的（ D 　　）以及沒有經過許可審查的（ E 　　）兩大類，這些食品現今在市場上已經是隨處可見。厚生勞動省又於2015年4月，開始實施了健康效果（成分）有科學依據的食品，可以根據各企業自己的判斷，指定為功能標識食品的第三功能性標識制度。去除掉安全性及功能性方面的限定條件後，讓企業和生產者自己負擔責任來標識具體「對身體的哪方面有好處」、「會發揮何種效果」等，這在飲食生活和商務方面產生了巨大影響。具體舉例來說，生物和鐵生銹一樣，長期放置的話會氧化，因此預防被稱為疲勞源頭的活性氧氧化作用的（ F 　　），在保持青春活力方面受到了廣泛關注。有多項研究成果報告稱咖啡中含有多酚物質（ G 　　），對預防疾病有重大作用。

問題 **01** 的選項

①綠原酸（咖啡的顏色、苦味以及香味的來源）

②特定保健用食品（每樣產品都獲得許可，可以標示保健效果的食品）

③嗜好品（除了因為味道或香氣形成習慣外，有些還會在藥理學方面有依賴性）

④營養功能食品（提供和補充礦物質、維生素的食品）

⑤預防疾病（醫食同源這樣一種思考方式。特別是在有效預防肥胖方面對飲食生活進行改善）

⑥機能性食品（通過調節生理系統起到預防疾病效果的食品）

⑦抗氧化作用（防止體內因氧變化而產生的有害物質，對身體造成的傷害）

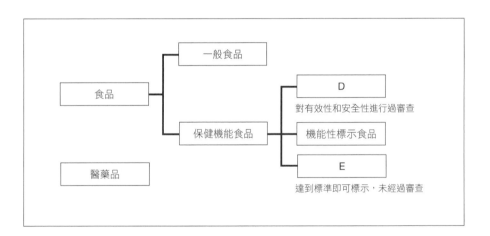

問題 **01** 答案

A-③　B-⑤　C-⑥　D-②　E-④　F-⑦　G-①

 **從右側一頁①~⑦的選項中選擇填入A~G的括弧中。**

　　咖啡在現在當作嗜好品飲用，但咖啡當初被發現的時候，被阿拉伯的伊斯蘭教信徒作為通宵修行的輔助，驅走睏意打起精神來的（A　　）來使用。在日本（B　　）時代是從荷蘭傳到（C　　），直至明治時代都是以同樣的目的使用，後來隨著咖啡被廣泛飲用，也就慢慢作為嗜好品受到大家的喜愛。

　　近些年，不斷有研究成果發表認為咖啡對健康有益。例如，美國國立衛生研究所以美國40萬多萬人為研究對象發表的調查報告（2012年）稱「一日飲用2杯以上咖啡的人與不飲用咖啡的人相比死亡率降低10%以上」；再比如日本國立癌症研究中心以9萬多日本人為對象進行的調查報告（2015年）稱「一日飲用3~4杯咖啡的人與完全不飲用咖啡的人相比死亡率降低24%」。

　　咖啡中含有的成分超過200種，我們看一下幾種比較受關注的成分。首先，是屬於多酚物質的綠原酸，是形成咖啡的顏色、香味和苦味的基礎成分，通過多酚的抗氧化作用能夠達到預防疾病的作用。綠原酸在烘焙過程中會隨著溫度升高而減少，變化成另外一種多酚物質（D　　），其香味不僅有緩解壓力的效果，而且對軟化血管也有一定作用。另外作為製藥成分使用的咖啡因有活化大腦、抑制疲勞的作用。在咖啡生豆中含有的（E　　）對預防大腦老化以及阿茲海默型認知障礙症方面有一定效果，但在烘焙過程中會分解成兩種成分，一種是能夠預防高血脂的（F　　），另一種則是能夠緩解壓力和起到抗氧化作用的（G　　）。

問題 **02** 的選項

①咖啡酸（也叫咖啡因酸。是咖啡豆和咖啡果實中含有的成分）

②長崎出島（推測咖啡是在荷蘭商館設立（1641年）以後傳入）

③NMP（N-甲基吡咯烷酮。通過刺激大腸的副交感神經促進大腸蠕動）

④江戶（日本實行鎖國政策的時代）

⑤尼古丁酸（也叫菸鹼酸或維生素B₃。參考第4章問題05）

⑥藥物（在發現咖啡的傳說當中也在懷疑咖啡有藥學效果）

⑦葫蘆巴鹼（在咖啡生豆中含量較多，但在烘焙過程中會轉化成其他成分）

D的化學式

E的化學式

問題 **02** 答案

A-⑥　B-④　C-②　D-①　E-⑦　F-⑤　G-③

咖啡豆裡的成分與健康是什麼樣的關係？

 有人說咖啡對身體好，有人說對身體不好，到底哪個是真的呢？

 關鍵是瞭解咖啡成分，按照自己的體質適量飲用。

 **從右側一頁①～⑦的選項中選擇填入A～G的括弧中。**

　　咖啡豆內的成分含量，會由於產地、栽培環境和精製方法不同而有所不同。經常受到人們關注的是，對飲用時風味產生巨大影響、也稱作茶鹼的（A　　）以及單寧酸的主要成分（B　　）。對比在市場上流通和銷售的阿拉比卡種及羅布斯塔種的話，這兩種成分在（C　　）中含量更多，（D　　）的亞油酸、棕櫚酸等脂肪含量約是（C　　）的兩倍，咖啡豆品種之間成分的差異，也會影響烘焙時的上色以及風味。咖啡的（B　　）中含有（E　　），但正如右圖所示，其含量會在烘焙過程中減少，這也是烘焙會使得咖啡酸味變淡的一個原因。

　　另外，（F　　）在加熱時會變成尼古丁酸這一種營養物質。尼古丁酸加熱時間越長就會越多，深度烘焙的咖啡豆含量大。（G　　）是（B　　）在加熱時產生的一種多酚物質，會產生獨特的香味，能夠預防動脈硬化。

①抗癌作用（據説通過預防氧化和阻止游離基生成來預防癌症發生）

②阿拉比卡種（因為主要在阿拉伯半島栽培並向外出口而得名）

③咖啡因（由碳元素、氫元素、氧元素、氮元素組成的生物鹼，與咖啡苦味相關）

④葫蘆巴鹼（Caffearine。在植物和一部分魚貝類中含有）

⑤咖啡酸（也叫咖啡因酸。參考11章問題02）

⑥綠原酸（與持續性苦味有關）

⑦羅布斯塔種（羅布斯塔是「剛強魁梧」的意思。是一種耐蟲害及疾病的品種）

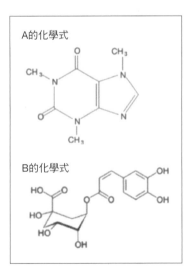

A的化學式

B的化學式

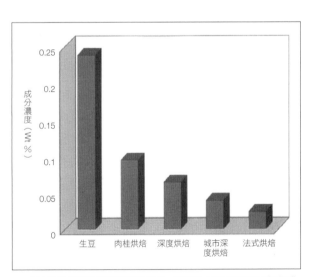

※由於烘焙引起的B成分濃度變化，轉載自《想知道更多的咖啡學》

A-③　B-⑥　C-⑦　D-②　E-①　F-④　G-⑤

問題 **04** 從右側一頁①〜⑦的選項中選擇填入A〜G的括弧中。

　咖啡中含有的（A　　）成分不僅能夠提神醒腦，還有利尿、促進消化、支氣管擴張等的藥理作用，經常用於製造頭疼藥和感冒藥。這種成分不僅咖啡中含有，在紅茶、煎茶、玉露等飲品當中也含有該成分。這些飲品當中每100ml含量最多的是（B　　），最少的是（C　　）。另外，一般情況下成人一天攝取400mg左右沒有問題，但兒童、老人、孕婦以及在健康方面需要注意的人群，飲用時可以選擇去除該成分的（D　　）。去除該成分的方法有使用藥品的溶劑抽出法、水抽出法以及使用二氧化碳的超臨界抽出法等，日本主流使用（E　　）。但是，無論哪一種方法都不能保證100%去除，無法處理到含有量達到零。另一方面，咖啡豆非常珍貴的時代，因戰爭而使得咖啡進口非常困難的國家中，人們會使用其他植物的種子或根莖燒焦後製作（F　　）飲用，最有名的是菊苣，菊科植物經烘烤過製作的（G　　），成分中含有較多最近關注度較高的綠原酸。

咖啡小知識

在德國，購買咖啡導致的嚴重貨幣外流，使得政府壓力甚鉅。從而在18世紀後半期獎勵飲用代用咖啡而後普及。歷史上有短暫的一段時間，真正的咖啡只有貴族階層能飲用，市民則只能飲用代用咖啡，進入19世紀末後咖啡館終於興盛起來。

問題 04 的選項

①水抽出法（用熱水洗咖啡豆再通過過濾器過濾的方法）

②減因咖啡（或者叫做脫因咖啡）

③菊苣咖啡（摻入咖啡中，也叫做巴黎人咖啡）

④代用咖啡（最興盛的是腓特烈二世統治下的普魯士）

⑤玉露（約160mg：10g茶葉加入60ml的60℃熱水浸泡2.5分鐘）

⑥咖啡因（阿拉比卡種約含1%，羅布斯塔種約含2%）

⑦煎茶（約20mg：10g茶葉加入430ml的90℃熱水浸泡1分鐘）

海外健康風險管理機構報告中的建議飲用量

不會有負面作用平均每日的最大飲用量		飲用量換算	機構名稱
孕婦	——	普通咖啡杯3～4杯	世界衛生組織（WHO）
	300mg/日	咖啡杯4～6杯（150ml/每杯）	澳大利亞健康‧食品安全局（AGES）
	200mg/日	咖啡馬克杯2杯	英國食品安全廳（FSA）
	300mg/日	咖啡馬克杯2杯（237ml/杯）	加拿大健康省
兒童（4～6歲）	45mg/日	1罐可樂（355ml）中咖啡因的含有量為36～46mg	
兒童（7～9歲）	62.5mg/日		
兒童（10～12歲）	85mg/日		
兒童（13歲以上）	體重每kg2.5mg/日		
健康成人	400mg/日	馬克杯3杯（237ml/杯）	

※轉載至日本內閣府食品安全委員會發表的實況報告（2011年）

問題 04 答案

A-⑥　B-⑤　C-⑦　D-②　E-①　F-④　G-③

咖啡可以說對身體和精神方面有益嗎？

 聽說過去會把咖啡當作藥物使用，這是真的嗎？

 在最新的研究中，出現了顯示咖啡對健康有益的報告。

 **從右側一頁①～⑦的選項中選擇填入A～G的括弧中。**

在把咖啡作為藥物使用的文獻中，記載了波斯醫生拉傑斯（A　　）這樣一句話：「咖啡是一種讓人感到快樂清爽的東西，對胃非常好。」另外，伊朗的科學家阿比仙那在（B　　）中留下了這樣的記述：「材料（咖啡豆）要把外皮去除乾淨，晾乾到去除所有的濕氣，如果使用這樣的特選品，肯定會得到無以倫比的芳香氣味」，書中不僅記述了咖啡的藥用價值，而且還描寫了飲用時的功效。

如今咖啡在全世界被廣泛飲用，其功能不光體現在健康方面，在精神方面的研究也取得了長足發展。例如，日本杏林大學的古賀良彥教授，發表了咖啡豆的香味給人腦帶來的效果會有差異這一項非常有趣的研究報告。研究中受試者分別聞六種不同的咖啡豆香味，然後對其腦電波進行對比分析發現，散發「讓人放鬆的香味」的是牙買加產的（C　　）和瓜地馬拉產的（D　　），而散發「讓人頭腦高速運轉的香味」的是巴西產的（E　　）和印尼產的（F　　）。

若想放鬆心情，還是想集中精力，根據不同的目的選用不同種類的咖啡豆，如果實現了這一點，在充滿（G　　）的現代社會中，咖啡的緩和效果就會發揮作用，可以說咖啡在精神方面也是一款很好的飲品。

問題 05 的選項

①藍山咖啡（卓越的香氣，風味均衡的味道）

②曼特寧咖啡（苦味與香醇富有個性，稍帶些酸味）

③巴西聖多斯（味道適中，香味重，酸味與苦味適度）

④《醫學法典》（以咖啡為主題論述其醫學價值）

⑤《醫學集成》（世界首部把咖啡作為藥物論述的文獻）

⑥壓力（有報告稱咖啡芳香具有抗氧化作用以及緩和壓力的作用）

⑦瓜地馬拉咖啡（味道甜香，風味芳醇，酸味適中）

Q 咖啡的香味成分中都有什麼？

A 據說咖啡有數百種以上的香味成分（揮發性成分）。

在烘焙過程中，生豆中含有的成分會產生熱分解反應，產生揮發性的香氣成分，例如綠原酸和葫蘆巴鹼中會產生煙燻香味。另外，使咖啡呈現出茶褐色以及生成香醇、甜味的糖類物質經過加熱而變為焦糖物質，以及發生從糖類與胺基酸轉化為類黑素的糖化反應（羰基反應），由於這些反應產生的醛和吡嗪類物質而散發出芳香的氣味來。

問題 05 答案

A-⑤ B-④ C-① D-⑦ E-③ F-② G-⑥

問題 **06** 從右側一頁①～⑦的選項中選擇填入A～G 的括弧中。

在減少導致疾病和老化的活性氧方面，咖啡中含有的（A　　）非常有效。（B　　）這種成分在蔬菜和植物當中也含有微量，但遠遠不及咖啡生豆中的含有量。

過去，咖啡往往被認為對身體有害，但最近因為咖啡擁有預防疾病的效果以及（B　　），因此（C　　）這一美容效果也受到了關注。

日本國立癌症研究中心以9萬多日本人為對象進行的調查報告（2015年）中明確指出：「回答1日飲用3～4杯咖啡的人，與完全不飲用咖啡的人進行對比，（D　　）和（E　　）的死亡風險較低。」

研究表明，（B　　）有預防（F　　）囤積的作用，（G　　）有抑制由（F　　）引起的炎症的作用。

身為日常飲料的咖啡，不僅喝著美味，而且能夠放心享用，值得高興。

咖啡
小知識

【上述報告簡介多個前瞻性的研究（長期大規模的觀察型研究）】
咖啡中的綠原酸有改善血糖、調節血壓、消炎等作用。另外，咖啡中的咖啡因不僅可以改善血管內壁功能，而且還有擴張氣管、改善呼吸道功能的效果。這些作用，都可以降低死亡風險。

問題 06 的選項

①循環系統疾病（1天喝3～4杯咖啡的人比不喝咖啡的人死亡率降低約36%左右）

②呼吸器官疾病（1天喝3～4杯咖啡的人比不喝咖啡的人死亡率降低約40%左右）

③活性氧（壓力、香菸、汽車廢氣、紫外線、加工食品等會造成人體內出現活性氧）

④綠原酸（咖啡生豆中含有量大約為5～8%）

⑤多酚（這種物質動物當中沒有，是植物特有的生物成分）

⑥咖啡因（有抑制炎症的作用，在治療偏頭痛方面也有效果）

⑦減肥（必須要注意咖啡的飲用次數、時間以及烘焙程度）

Q 減肥的話往往會比較關注熱量（卡路里），
一杯咖啡大概有多少卡？

A 如果是黑咖啡，一杯咖啡的熱量大概是6～8卡，非常低。如果添加牛奶，一杯大概為20卡，加入砂糖一杯大概30卡。

一天喝很多杯加入糖和牛奶的咖啡的話，攝入的糖分和脂肪會過量，因此要多加注意。

問題 06 答案

A-⑤   B-④   C-⑦   D-①或者②   E-②或者①   F-③   G-⑥

咖啡會因為烘焙機器的不同導致風味相異嗎？

咖啡風味不僅僅是因為烘焙度有差異而不同，也會由於使用的
烘焙機器不同而結果不同嗎？

烘焙機常常是在新的想法下開發的。

問題 07 從右側一頁①～⑦的選項中選擇填入A～G的括弧中。

　據説咖啡成分有（A　　）種以上，隨著研究不斷推進，其中能夠對健康產生良好效果
的成分也漸漸得到證實。但這些成分不能像藥物一樣，以單一純粹的形式萃取，而是多種
成分依據烘焙程度發揮整體效果。人們經常説咖啡的口味八成受生豆影響，兩成由烘焙決
定，但我們飲用的都是烘焙後的萃取液，因此瞭解咖啡烘焙機非常重要。現在出現了很多
保留咖啡某些成分，或是與之前完全不同構思的新型咖啡烘焙機。以下簡單介紹幾款：

遠紅外線烘焙機	滾筒內壁做成陶瓷塗層，在80℃的溫度下向咖啡豆釋放波長為6～10μ的（B　），這是一種使咖啡豆能夠均勻受熱不會產生焦斑的烘焙機。能夠做出口感柔和、醇厚且多酚物質（C　）含有量較多的咖啡。
超高溫蒸氣烘焙機	在500℃的高溫下把（D　）吹入滾筒瞬間烘烤咖啡豆的烘焙機。在戶室石的遠紅外效果輔助下咖啡豆不會發生酸化現象，而是增加其圓潤的甘甜感，能夠做出對預防老年痴呆症有效的（E　）和（C　）含量較高的咖啡。
氫氣還原烘焙機	這種烘焙機使用的原理不是氧化而是還原。能夠做出去除（F　）含有（G　）的咖啡豆。這種咖啡口感清爽，餘味香甜。

問題 07 的選項

①葫蘆巴鹼（對神經等有藥學作用，但在烘焙過程中會轉化為尼古丁酸）

②活性氧（雖然有殺菌消毒的作用，但會導致人體老化和肝功能下降）

③200（生豆和烘焙豆中的這些成分，會由於化學變化而以不同形式呈現）

④氫元素（只與不好的活性氧反應，因為是最小的原子，因此也能夠進入到細胞內）

⑤超高溫蒸氣（煮沸開水生成的飽和蒸氣再次加熱成為高溫蒸氣）

⑥綠原酸（有報告顯示綠原酸有降低糖尿病發病風險的傾向）

⑦遠紅外線（利用電磁波、輻射傳輸讓有機物吸收發熱）

Q 為什麼利用遠紅外線烘焙機能夠做出有醇香口感的咖啡呢？

A 遠紅外線烘焙機，利用遠紅外線放射的能量使咖啡豆內的分子產生振動，這種振動產生的熱可以使咖啡豆內部烘烤的比較均勻。另外，因為是在相對較低的溫度下烘烤，因此由加熱導致的龜裂現象會減少，蜂窩結構就不容易被破壞。

因此比較容易做出成分含量高，口感香醇的咖啡來。

問題 07 答案

A-③ B-⑦ C-⑥ D-⑤ E-① F-② G-④

從右側一頁①～⑦的選項中選擇填入A～G的括弧中。

隨著科學研究的發展，咖啡豆中的成分對疾病的預防效果越來越明顯。例如，（A　　）有清醒和利尿作用，（B　　）有抗氧化作用以及通過刺激副交感神經從而起到降血壓的作用，（C　　）有保護血管壁、抑制血液凝固的作用，（D　　）有緩和緊張感，增進大腸蠕動的作用。東京醫藥科學大學名譽教授岡希太郎，將如何飲用咖啡才能提高健康效果進行了說明，列出以下幾條僅供參考：

1.由於烘焙會使得成分發生變化，在這方面如何更好地獲取有益成分呢？

　　咖啡中（B　　）這種成分不耐熱，因此烘焙需選擇淺度烘焙。但烘焙程度地得不到的是（C　　）和（D　　）這兩種成分（生豆中大量含有的葫蘆巴鹼通過烘焙而產生的物質）。也就是說，淺度烘焙和深度烘焙的咖啡豆按照比例拼配飲用，就能綜合地攝取咖啡中的有效成分。

2.一天最多喝多少杯比較適宜？

　　每個人的體質和身體狀況不同，從降低腦中風的風險方面來說，有報告指出一天飲用四杯咖啡時風險最低，因此一天如果飲用（E　　）左右就不用擔心過量。

3.既健康又美味的咖啡如何沖泡呢？

　　準備10g淺度烘焙和深度烘焙按照一定比例拼配的咖啡豆，在（F　　）℃以下的熱水中經長時間萃取，最後注意飲用最初萃取出來的（G　　）cc。

　　咖啡若能夠帶來各式各樣的健康效果，就有必要在追求美味的烘焙、萃取以及飲用方式等方面下功夫鑽研，這可以說是自然而然的一個發展趨勢。

問題 **08** 的選項

①尼古丁酸（也叫菸鹼酸，維生素B₃現在是治療高血脂疾病的藥物）

②90（如果溫度更高會把咖啡豆中的油脂成分萃取出來）

③3（根據加拿大保健省提供資料，健康成人400mg/日。參考第11章問題04）

④綠原酸（不僅在咖啡中含量多，在雙子葉植物的種子和葉中也有）

⑤咖啡因（咖啡、茶葉、可可亞、瓜拿納（又名巴西香可可）等含有的天然食品成分）

⑥約30（據說有效成分的90%都在最初萃取的咖啡中）

⑦NMP（N-甲基吡咯烷酮。可以減少胃酸分泌）

C的化學式

D的化學式

問題 **08** 答案

A-⑤　B-④　C-①　D-⑦　E-③　F-②　G-⑥

參考文獻・參考資料

《圖說倫敦都市物語 —— 小酒館與咖啡屋》（小林章夫）河出書房新社 1998

《義式濃縮的味道與香氣》（廣瀨幸雄）稻穗書房 1999

《工程學家眼裡的咖啡世界》（廣瀨幸雄）稻穗書房 1999

《咖啡學講義》（廣瀨幸雄、星田宏司）人類科學社 2001

《咖啡的全部》（富田佐奈榮）主婦之友社 2004

《茶&咖啡大圖鑑》（大阪阿倍野辻烹飪師專業學校）講談社 2005

《原來如此的咖啡學》（金澤大學咖啡學研究會編制）旭屋出版社2005

《咖啡百科全書一本通》（新星出版社出版部）新星出版社2006

《Coffee World》全日本咖啡協會（公司）2006

《想知道更多的咖啡學》（廣瀨幸雄）旭屋出版 2007

《咖啡學入門》（廣瀨幸雄、圓尾修三、星田宏司）人類科學社 2007

（咖啡&義式濃縮的教科書 —— 萃取・機器・烘焙技術與科學》（旭屋出版社「Cafe & Restaurant」編輯部）旭屋出版 2007

《咖啡香味產生的主要原因及官能評價用語》（圓尾修三、廣瀨幸雄）旭屋出版社 2008

《從零開始的咖啡入門》（河野雅信）幻冬社 2009

《世界上最好喝的咖啡》（一個人編輯部）暢銷產品 2009

《越瞭解越好喝 咖啡百科》（藤田政雄）日本文藝社2010

《一杯咖啡的藥理學》（岡希太郎）醫藥經濟社 2010

《在家做咖啡 —— 讓咖啡更美味的書》（家中咖啡推進委員會）二見書房 2010

《咖啡教科書》（堀口俊英）新星出版社 2010

《咖啡「訣竅」的科學》（石脇智廣）柴田書店 2010

《全面瞭解咖啡的百科全書》（堀口俊英）夏目社 2010

《靈活大腦的培養方法・臨床醫生洩露「柔韌大腦」的科學》（古賀良彥）技術評論社 2010

《咖啡醫學》（野田光彥）日本評論社 2010

《咖啡大百科全書》（成美堂出版編輯部）成美堂出版 2011

《讓咖啡變美味的魔法書》英出版社2012

《我是咖啡博士》（廣瀨幸雄）時鐘社2012

《不想患癌不想痴呆，就每天來杯咖啡》（岡希太郎）集英社2013

《美味咖啡聖經（袋鼠文庫）》（田口護）成美堂出版 2013

《咖啡學測試<高級>金澤大學編制》（圓尾修三、廣瀨幸雄、後藤裕）旭屋出版 2013

《咖啡與身體的美味對話》全日本咖啡協會（公司）2008，2014

《咖啡百科（奢華時光系列）》（田口護）學研出版 2014

《咖啡美味方程式》（田口護、旦部幸博）NHK出版 2014

《東京人2014年04月刊》都市出版 2014

《咖啡豆的健康・美容力量》（廣瀨幸雄、後藤裕）營養書庫 2015

第2章問題05 咖啡豆等級、評級示例 http://tamarix.bitter.jp/mame-tisiki.htm

第2章問題07 可持續發展咖啡示例 http://www.suscaj.org/modules/pico/index.php?content_id=4

第3章問題03 咖啡交易方面分類 http://www.mycoffee.jp/page/27

第4章問題03 咖啡烘焙度與味道特徵 http://navigater.info/coffee/knowledge/roast.html

第4章問題06 咖啡成分 http://www.ucc.co.jp/enjoy/knowledge/data/

第4章問題07 研磨方式的大致標準 http://www.ucc.co.jp/enjoy/take/more/grainsize.html

第5章問題07 衣索比亞式咖啡 http://www.tazawa-jp.com/ethnic/cafe-ethiopia.htm

第6章問題02 津輕藩兵紀念碑 http://www.welcome.wakkanai.hokkaido.jp/sightseeing/rekishi_kankou/tsugaru/

第7章問題02 咖啡栽培的傳播 http://www.ucc.jp/enjoy/column/column.php?cc=18

第7章問題05 世界咖啡歷史 http://www.cafe-dictinary.com/word.html

第8章問題03 咖啡的萃取 http://www.gigazine.net/news/20120726-coffee-consumption/

第8章問題05 咖啡中加入牛奶 http://www.ucc.co.jp/enjoy/take/more/milk.html

第8章問題06 世界有名的咖啡 http://www.hirocoffee.co.jp/hiro/drip02.html

第8章問題08 各式各樣的咖啡吧 http://www.delsole.st/italian_bar/

第10章問題01 咖啡罐變為鋁製罐 http://www.asahi.com/articles/ASH5163B4H51UEHF01V.html

第10章問題02 罐裝咖啡的海外普及
https://ja.wikipedia.org/wiki/%E7%BC%B6%E3%82%B3%E3%83%BC%E3%83%92%E3%83%BC

第10章問題05 1901年泛美博覽會上KatoCoffeeCo.的宣傳冊封面
https://ja.wikipedia.org/wiki/%E3%82%A4%E3%83%B3%E3%82%B9%E3%82%BF%E3%83%B3%E3%83%88%E3%82%B3%E3%83%BC%E3%83%92%E3%83%BC

第10章問題07 世界即溶咖啡的進出口量 http://www.nocs.myvnc.com/study/geo/coffee.htm

第11章問題04 日本內閣府食品安全委員會公布的明細表（2011年）
http://www.fsc.go.jp/sonota/factsheets/caffeine.pdf

第11章問題05 咖啡豆的香味與功效 http://www.coffee.ajca.or.jp/webmagazine/health/doctor/health69-2

第11章問題06 循環系統疾病和呼吸系統疾病與咖啡的關係 http://epi.ncc.go.jp/jphc/outcome/3527.html

第11章問題08 提高健康效果的咖啡飲用方式 http://100ken-1bun.blogspot.jp/2014/04/blog-post_12.html

附錄

最新咖啡用語

我們介紹一下在咖啡專業雜誌、咖啡業界中新出現的一些用語。
用語解釋當中出現（※），表示該用語出現在別的條目中。

最新咖啡用語

▶ 非水洗（Unwashed）

用機器把收穫的果實果肉去除，泡進水中讓其發酵並洗去果膠（附在殼上的粘液），這種精製方法被稱為水洗（Washed）。而非水洗則意味著不通過水洗。一直以來非水洗也被等同於自然日曬法（Natural）。但是最近隨著櫻桃風土（Cherry Terroir）、蜜處理法（※）及Winey Process（※）等講究的精製方法的出現，日曬法和非水洗兩個概念，不僅開始分離開來，甚至非水洗咖啡豆開始被視為一種由老舊的加工方法製成的低級品。

▶ 愛樂壓

愛樂壓（Aero Press）是Aerobie公司推出的一款咖啡萃取器具。將咖啡粉和開水放入圓筒中，從上方按壓被稱為濾筒的圓筒，用內部的氣壓通過過濾器把咖啡液抽取出來。一般來說過濾器用的是一般的濾紙，但是也有用金屬製的濾網（※）。甚至還有愛樂壓世界大會。

▶ 公開杯測

由於用於評價咖啡的品質和香味特徵的杯測（Cupping）（※）得出的評價會影響到交易的價格，因此評測人員都是由積累了豐富的知識和經驗並取得了相關資格的人來擔任，公正地進行。

然而也存在著並不是那麼嚴密的杯測。也有通過咖啡館讓客人品嘗新出的咖啡這樣的方式舉行的輕鬆的杯測。誰都可以在這期間前往品嘗進行杯測，這種杯測就被稱為公開杯測（Open Cupping）。波特蘭或西雅圖的咖啡館常會有公告「每週日早上9點開始公開杯測」。

▶ 杯測（Cupping）

一直以來，咖啡的產地國大多都根據各國各自的標準來評價咖啡。也存在「參雜異物就會扣分」這樣的評價法。然而自從精品咖啡（Specialty Coffee）這一概念登場，因其追求的是能正確評價咖啡品質的評分方法，便被作為世界公認標準廣受推崇。根據這一評價標準執行的品嘗工序則被稱為杯測。品嘗者則被稱為杯測者（Cupper）。

杯測的方法很簡單，將10g咖啡粉放入統一形狀大小的杯測專用杯中，注入大約180ml的92度以上的開水。4分鐘後用杯測匙攪拌三回，然後將表層澀味的浮沫清液除去，再用茶匙啜飲，並比較冒出來的香味及味道。而杯測的評價也盡力追求用易於想像的語言把咖啡的美妙具體地表達出來。COE杯測評價標準以及SCAJ杯測評價標準便是通過從風味（Flavor）、液體透明感（Clean Cup）、甜度（Sweetness）、口感（Mouthfeel）、酸感（Acidity）、後味印象（Aftertaste）、味道的平衡度（Balance）、綜合評價（Overall）八個專案分別評價（通過給分的方式），將感官評價這種容易因人而異的評價儘量轉化成更為明確的咖啡檔案和比較資料。可以說，杯測這一方式便是因為精品咖啡這一概念而誕生的。

▶ 金屬過濾器

不使用滴漏式咖啡用紙，而是用金屬過濾器萃取咖啡液的方法正逐漸廣為運用。如果用紙來過濾，咖啡中的咖啡因會吸附在濾紙上。而能被稱得上是精品咖啡，正是因為上乘咖啡的咖啡因中，包含著讓人迷戀的香味。在美國，為了不讓咖啡因吸附在濾紙上的情況發生並完美地將其萃取出來，人們進行了一番研究。由此便出現了圓錐形金屬過濾器，其外形和作為滴漏式咖啡用具普及的CHEMEX（※）咖啡壺的圓錐形狀吻合，並因此外形被稱為KONE。也有愛樂壓（Aero Press）（※）專用的金屬過濾器。

▶ CHEMEX

CHEMEX是設計成將錐形燒瓶和漏斗集合成一體的手動滴漏式咖啡萃取用具。據說是1940年由化學家設想出來。不僅具有足以被紐約近代美術館作為永久展示品的富有設計感的美學價值，同時作為一種咖啡萃取工具，也被波特蘭和西雅圖的咖啡店廣泛使用。有使用折成四折的濾紙和使用被稱為KONE的金屬過濾器（※）兩種方法來萃取咖啡。

▶ 咖啡品鑑會

從2007年開始舉辦的巴拿馬共和國咖啡品鑑會上，「瑰夏（Geisha，又名藝伎）咖啡」連續獲得「Best of Panama」獎項，從而一鳴驚人，吸引了聚光燈而名聲大噪。隨著哥倫比亞、瓜地馬拉等國家開始種植，瑰夏的栽培國也廣為拓展。在巴拿馬，埃斯梅拉達農莊的瑰夏相當有名。 另外，Cop of Excellence（COE）也是有名的咖啡品鑑會。所謂Cop of Excellence即是在各咖啡生產國舉辦的為了選出當年最好的咖啡，而進行的咖啡品鑑會。最終由國際審查員選出極品的咖啡，並只對其授予COE稱號。然後，該咖啡便會在公開國際網路拍賣會上，向全世界的咖啡進口公司或咖啡烘培商拍賣。

▶ 日本國產咖啡

不限於沖繩本島，日本國產咖啡的種植生產不斷展現出擴大之勢。在小笠原的父島、石垣島、德之島咖啡的栽培也在不斷推廣。其精製方法多使用日曬法或水洗法。然而日本國產咖啡的栽培地卻面臨——每年這些地方都會被颱風襲擊好幾回，這一個共同的問題。

▶ 第三次變革

　　也叫「第3咖啡」。在美國，大型咖啡製造廠商以超市為中心，大量銷售消費型咖啡的階段為「第1咖啡」。但美國人均消費量自1962年達到銷售頂峰之後開始下滑。當越來越多的人們對沒有特色的咖啡失去興趣的時候，1971年成立了第一家星巴克咖啡。把咖啡豆深度烘焙，然後用義式濃縮作為基底，做出像拿鐵、咖啡飲料等美味的咖啡，不僅再一次擴大了咖啡愛好者的選擇，且以同一理念不斷增加連鎖店數量，開創了西雅圖系咖啡店這一新領域。這就是「第2咖啡」。星巴克咖啡現今在全球開設了2萬2,000多家連鎖店。而專門選擇龐大的連鎖咖啡店所不經營的稀有咖啡或頂級咖啡，表現這些稀有咖啡特色的烘焙度，且使用手沖（※）的形式而非機器對咖啡進行萃取，開始出現了這樣一種趨勢。這就是「第3咖啡」。2001年在奧克蘭開設的「藍瓶咖啡」（※）、波特蘭開設的「郵票鎮（Stamptown）」、紐約開設的「知識份子（Intelligentsia）」、「Ginmi Coffee」、「反主流文化（Counter culture）」等都可以説是第三次變革的先鋒。

▶ 可持續發展咖啡

　　Sustainability指的是可持續發展，是精品咖啡中的一個概念，精品咖啡的先決條件並非是咖啡是否擁有上乘的香味，而是必須能夠長期持續地栽培而不是偶爾種植，而且必須要使用對當地環境有益的栽培方法。這是出於以下考慮：栽培該優質咖啡的農戶能夠確保相應的收入，就能為種植更加優質的咖啡投資，從而保證精品咖啡得到持續栽培。

▶ 詹姆斯・弗裡曼

　　詹姆斯・弗裡曼是「藍瓶咖啡（Blue Bottle Coffee）」的創始人。藍瓶咖啡的起源正是在舊金山對岸，奧克蘭的小城中。在城中的一間小屋子裡，詹姆斯將烘培好的咖啡豆，堆積在移動販賣車上，運往當地的法瑪斯集市，同時在小車出售一杯杯通過濾紙過濾的咖啡，這就是「藍瓶咖啡」的開始。

▶ 蒸氣龐克

　　這是一種由Alpha Dominche公司開發的咖啡萃取機。其原理和虹吸壺差不多，但並不是像虹吸壺那樣通過從燒瓶下方湧起的開水將咖啡粉抽上來並加以萃取，而是像淋浴一樣把熱水從上往下均勻地讓其與咖啡粉全體融合，並均勻地加以萃取。能夠設置萃取溫度、萃取攪拌以及咖啡的萃取量是其一大優越特點。通過在平板終端上安裝Alpha Dominche公司的應用軟體，能夠經過該應用設置萃取溫度、攪拌回數、萃取量。咖啡豆的研磨度比義式咖啡的稍微粗一點。流過更高的溫度（120度的蒸氣）進行萃取能夠讓咖啡呈現出如同品嘗義式咖啡時感覺到的一樣的芳香。因為使用金屬過濾器能夠使咖啡同時呈現出媲美咖啡油的順滑和手沖咖啡（※）的清晰口感，而被受世人矚目。

▶ Slow dry

　　這是一種將完全成熟的咖啡豆，放進塑膠罩棚中讓其乾燥的日曬法。由於塑膠罩棚中的濕度會升高，可以慢慢地（10天左右）讓其乾燥。

　　由於乾燥時間長可以讓香味的特徵得以突出，也不用擔心驟雨急至，在尼加瓜拉等國家有些農莊便是用的這種方法。

Double Pass

這是一個關於咖啡加工的用語。2003年到2004年左右開始在澳大利亞的山頂莊園被採用。不去收穫已經熟了的咖啡果，讓果實從紫色放置成黑色的猶如葡萄乾一樣再進行收穫，這種狀態被稱為過熟狀態。將這樣的果實浸入水中浸泡大約一個小時，並將泡脹的果肉除掉再加以乾燥。由於進入了過熟狀態咖啡果肉中的糖分會增加三成左右，因此能夠通過這種加工方法使咖啡的特性和甜度大為激發。巴西和哥斯大黎加也出現了採用這種方法的莊園。

Bird Friendly

這是一種認證咖啡。其收益的一部分將會通過美國史密森尼候鳥中心，回饋至全球的候鳥保育工作。

認證咖啡是經過基於環境考慮、自然保護及生產者支援等目的，通過非營利組織或第三者機構舉行的，遵循一定方法評測之後合格的咖啡。這些組織當中，有為了這些在咖啡莊園工作的人們支付公正的回報的公平貿易組織，為有機肥栽培咖啡予以獎勵的有機JAS認證組織，以及為保護熱帶雨林、野生動物及水資源等地球環境保護而活動的雨林聯盟等。

蜜處理法

　　摘取咖啡果實，去除果肉，帶著果漿（咖啡果殼上附著的粘粘的果肉果皮）讓其自然乾燥被稱為果漿處理法，這個方法在巴西經常被採用。這種加工方法原先並沒有在中美洲被採用，但從哥斯大黎加開始，巴拿馬和尼加拉瓜也慢慢開始採用，其名字也被變成蜜處理法。在哥斯大黎加，更是根據果漿的殘留情況進一步細分命名。全熟的果漿被稱為黑蜜，全熟前且100%留下的果漿被稱為紅蜜，只留下一半的稱為黃蜜，只留下少數的被稱為白蜜。

夏威夷的新咖啡

　　最近夏威夷的咖啡有了新的變化。在介紹之前我們先從夏威夷州的科納咖啡的分級制度談起。這是一個由六十多年以前的夏威夷州的農務部制定的系統。夏威夷的科納咖啡的等級，是由咖啡豆的大小和缺陷豆含有度綜合起來決定的。根據形狀的不同除去圓豆後，可將咖啡的等級由高到低分為Extra Fancy，Fancy，No.1，Select，Prime。這五種咖啡豆為止是被認證為夏威夷科納咖啡出售的，而這五個等級以下的咖啡豆就算是在科納地區栽培的，也不能被稱為「科納咖啡」。

　　夏威夷除了科納地區以外還有其他各種各樣的咖啡栽培地，各個都富有個性。夏威夷島內還有卡烏地區栽培的卡烏咖啡、普納地區的普納咖啡、希洛地區的希洛咖啡。茂宜島上也有在種植咖啡，例如卡阿納帕利地區的茂宜摩卡、庫拉地區的庫拉咖啡。擁有威基基海灘的瓦胡島上有Waialua莊園種植咖啡。另外，還有考艾島的考艾咖啡、莫洛凱島上的莫洛凱咖啡。由於科納咖啡只有上述的五個等級，科納咖啡以外的卡烏咖啡、普納咖啡、希洛咖啡都被分級為「Hawaii Extra Fancy」，「Hawaii Fancy」，「Hawaii No.1」，「Hawaii Prime」，統一劃分為夏威夷咖啡。

　　接下來就該談到我們之前說的變更點了。2014年開始夏威夷咖啡的分級有了改訂。正式地在選單上追加了「Natural」這一個等級。但是標示「Natural」的情況下，無關豆子的大小，全部會被標記為「Prime」。就算是「Extra Fancy」的SC19（Extra Large Bean，篩網大小19），在「Natural」也會變成「Prime」。

▶ 手沖

濾紙滴漏、法蘭絨滴漏、掛耳包等這種從咖啡粉上方注入熱水萃取咖啡的方式叫做「手沖」，熟悉這種叫法的多為日本人，「手沖」比「Pour Over」和「Brew Coffee」的使用頻率更高一些。

▶ 白咖啡

Flat white。在澳大利亞、紐西蘭的咖啡館中比較流行的咖啡。2015年1月美國星巴克也開始銷售這款咖啡。牛奶打發後與義式濃縮組合在一起。與咖啡拿鐵相比表面的奶泡層更薄，從上方觀察，會覺得這是一款「牛奶不突出」的咖啡，但因為是與打發後的乳脂狀牛奶想配合，從第一口就能感覺到義式濃縮的風味。在墨爾本的咖啡館當中，需要在非常繁忙的環境中分別做出咖啡拿鐵、卡布奇諾、白咖啡這幾款差異非常微妙的咖啡，因此可以說咖啡師的水準相當高。

▶ 拉花藝術咖啡

往盛著義式濃縮的咖啡杯中注入利用蒸氣打泡的牛奶，把義式濃縮與牛奶混合後生成的圖案描畫成心形或樹葉形。不使用雕花針，而是直接從拉花缸中往咖啡杯裡注入牛奶，通過牛奶與咖啡的對流來繪製圖案的叫做拉花藝術咖啡。

▶ 釀制架

也叫作滴漏支架（Drip Stand）。上方放置過濾器，下方可以放上咖啡杯或旅行杯甚至是咖啡壺。支架高度可以自由調節。以往在使用濾紙進行萃取的時候，過濾器會直接套在咖啡壺或杯子的上面。在美國由S、M、L及Grande小中大各種尺寸的杯子，為了能夠在任意一種杯子上都能使用，於是設計出了釀制架。

▶ 藍瓶咖啡

這是詹姆斯・弗裡曼2001年在美國奧克蘭開創的微型烘焙機（※）。最開始是用移動大篷車在法瑪斯市場營業，後來在舊金山一家叫做「碼頭廣場」的大型購物中心開店後，引起了廣泛關注，現在在紐約、舊金山開設了十家以上的店面。作為第三次咖啡變革（※）的代表性咖啡店而遠近馳名。2015年在日本東京清澄白河與青山地區也開設了店鋪。

▶ Pour Over

Pour Over直譯的話是「從上方注入」的意思。在日本稱作濾紙滴漏、法蘭絨滴漏的咖啡萃取法，在美國被稱作Pour Over。主要使用義式咖啡機的咖啡店也會選擇用Hario或者Kemex萃取咖啡，這種店在不斷增加。也有的咖啡館會專門設置直接手工沖泡手沖咖啡（※）的Slow Bar。

▶ Micro Brew Coffee

Brew是指不使用咖啡機，而是用濾紙滴漏或虹吸壺的手工萃取方式。這裡指的是一杯一杯地製作咖啡。Aero Press、Coffee Press豆屬於Brew Coffee。

微型烘焙爐

有些批發式大型烘焙從業者，可能會為數十家甚至數百家咖啡店進行烘焙，但與此相對，專門向家庭進行烘焙和銷售的咖啡店，稱作微型烘焙爐。

含奶飲料

像拿鐵、卡布奇諾這種把義式濃縮與牛奶混合製作的咖啡豆稱作含奶飲料。過去，拿鐵和卡布奇諾大多是使用150～180ml的杯子。不久出現了使用240ml杯子的咖啡店。萃取一次義式濃縮大概為25～30ml，因此杯子如果變大的話，就意味著牛奶的含量就會相應增多。這樣一來能夠加入的奶泡就更多，也就使得咖啡拉花藝術能夠描繪的圖案更豐富多彩。當然，240ml的咖啡杯，對於咖啡師來說在表達味道方面，更容易製作出原創含奶飲料，因此使用稍大咖啡杯的咖啡師越來越多。

現場烘焙咖啡店（Roastery Coffee）

指的是像自家烘焙咖啡店或咖啡館等，會在店內設置咖啡烘焙機，銷售咖啡豆且提供飲用的咖啡店。在打出「現場烘焙（Roastery）」名號的咖啡店當中挑戰咖啡新革命的咖啡店尤其受人關注。2014年12月，星巴克咖啡在始創地西雅圖開設的旗艦店命名為「Roastery and Tasting Room」，不包含「星巴克」的字樣。在面積達1394平米（約422坪）的咖啡店內，遍布以各種形式萃取咖啡的櫃檯。所經營的咖啡，只有從2010年開始特定星巴克咖啡店中經營的稀有咖啡「Reserve」。店內設有50磅和260磅級別的德國PROBAT烘焙機，客人就能夠近距離觀看烘焙過程。50磅級別的咖啡機專供店內飲用使用，而260磅級別的烘焙機是為各國銷售「Reserve」的星巴克烘焙配送的。

▶ Winey Process

　　完全成熟的咖啡果實（漿果部分）經日曬乾燥後，脫殼取出咖啡豆的這種精製方法叫做自然日曬法。如果在晾曬的過程中遭受雨水變潮，咖啡果實就會腐爛，這種腐臭味也會轉移到咖啡豆中，因此自然日曬法只會在乾濕季區分明顯的巴西、衣索比亞地區被採用，但咖啡豆帶著果肉就進行乾燥的話，就會變成帶有獨特果味的咖啡豆，這樣的咖啡豆往往會價格高一些，因此採用自然日曬法的咖啡生產國在增加。蜜處理（※）受到關注也是同樣道理。在中美地區的多數地方，這種方法不叫「自然日曬法（Natural）」，而是叫做「Winey process」。中美比巴西濕度大，要在高濕的氣候中進行乾燥，因此會在咖啡豆含水量比較大的成熟狀態採摘，然後慢慢進行乾燥。巴西的自然日曬法和中美的Winey process雖然精製方法相同，但收穫時期咖啡果實的狀態與乾燥時的氣候不同，因此在咖啡豆的風味、香氣方面會出現不同的特色。

參考資料/《月刊CAFE & Restaurant》（2015年1月刊、10月刊），旭屋出版《MOOK超級咖啡師》Vol.1、Vol.2、Vol.3，旭屋出版《MOOK超級咖啡館》Vol.10、Vol.11，《門脇裕二的咖啡享用方法》（門脇裕二著 旭屋出版），ATAKA通商新聞（2015年9月30日號外）

附 錄

以猜謎形式
享受
咖啡雜學

30 問

以猜謎形式享受咖啡雜學

Coffee用漢字書寫為「咖啡」（日語為「珈琲」），
那「珈」這個字指的是什麼呢？

①茶褐色　②簪子　③貢品　④苦澀

發明即溶咖啡的人是哪國人？

①美國　②德國　③日本　④瑞士

發明罐裝咖啡的人是哪國人？

①德國　②美國　③日本　④英國

 ②

日語當中的「珈」這個字是「簪子」的意思，就是頭髮飾品的「簪子」。咖啡樹的一個
樹枝上會結有數十個紅色的果實，這種樣子很像簪子，所以用了「珈」這個漢字。另外
「琲」這個漢字指的是，連接簪子上玉石的細線的意思。這兩個假借字出自江戶幕府時代
末期的西方研究學者宇田川溶庵。（參考第1章問題02 A圖）

 ③

【解說】發明的人是日本人。在1901年美國紐約舉辦的泛美博覽會上，化學家加藤博士以
「可溶咖啡」這一名稱發佈是即溶咖啡首次面世。但是沒有進行專利申請，即溶咖啡的專
利有美國人取得。（參考第10章問題05）

 ③

昭和40年（1965年），日本島根縣濱田市的咖啡店「義武咖啡（YOSHITAKE
COFFEE）」的店主三浦義武在日本橋三越銷售的「米拉咖啡」，據說是世界第一罐罐裝
咖啡，上島咖啡總公司（現在的UCC上島咖啡）從咖啡牛奶中得到靈感，開始銷售並推廣
開了添加牛奶的「UCC牛奶咖啡」。日本進口的咖啡生豆其中有25%左右用來做罐裝咖
啡。

日本第一家咖啡店開在了哪裡？

①神戶的元町　②橫濱的馬車道　③東京的上野　④長崎的佐世保

日本第一家咖啡店的老闆葬在美國的哪個城市？

①紐約　②西雅圖　③波特蘭　④亞特蘭大

 ③

明治21年，1888年4月13日，在日本東京相當於現在上野的黑門町開設了日本第一家真正的咖啡店，叫做「可否茶館」。名字的正確讀音至今無法考量。

經營者叫鄭永慶。雖然祖上代代為漢語翻譯官，但本人是日本人，是曾在耶魯大學留學的天才。他親眼目睹了在美國的咖啡屋，為了打造讓普通民眾能夠輕鬆交流的場所，裡面除了設置有撞球、板球等娛樂設施，還有更衣室、衛生間、洗浴中心等。（參考第7章問題06）

 ②

明治21年，1888年4月13日，在日本東京相當於現在上野的黑門町開設了日本第一家真正的咖啡店，叫做「可否茶館」。但是，可能由於咖啡這種新事物還沒有普及，或者是價格太貴，該店在營業三年之後被迫停業，據說負債累累的老闆鄭永慶租借出海捕魚的漁船，偷渡進入了美國華盛頓州西雅圖地區。但不久在那裡因病逝世。他的墳墓於2000年被發現，位於西雅圖的湖景公墓（Lake View Cemetery），墓碑上寫的名字為「T.Nishimura」。這塊墓地因為葬有著名電影演員李小龍父子而聞名。

西雅圖既是星巴克開設1號店的地方，又是現在星巴克總部所在地，同時又有日本首家咖啡店店主的墓地所在，這樣想來感慨萬分。在日本的上野谷中陵園中也建有鄭永慶的墓碑，可能是其居留日本的家族為其所建。

作為藥物普及到家庭中的咖啡是哪一款？

①牛奶咖啡　②維也納咖啡　③咖啡果凍　④濃縮咖啡

首次在咖啡中加入牛奶的人是哪國人？

①荷蘭　②美國　③日本　④英國

咖啡店裡的「早餐套餐」是誕生於什麼地方？

①愛知縣　②廣島縣　③鹿兒島縣　④石川縣

 ①

據説法國醫師修魯・莫甯於1685年把牛奶咖啡作為藥物使用。製作方法是把一碗牛奶煮沸，再加入一碗咖啡粉以及一碗白砂糖繼續煮。光想一下就覺得是特別濃、特別苦又特別甜的飲品。也許是加了如此之多的糖，在能量方面也能夠讓人恢復健康吧！另外，這正是應了那句俗話「良藥苦口」，會讓人們覺得因為苦所以很有效果。（參考第8章問題05）但曾經有一段時間人們認為「咖啡對胃有害」，但最近的研究來報告結果指出，咖啡中的綠原酸這種成分有抗氧化作用，能夠預防大腸癌等。

 ①

世界第一位往咖啡裡加牛奶的，是當時駐中國的荷蘭大使紐霍夫。時間大概在1660年前後。有一次他想喝奶茶的時候結果紅茶沒有了，就在咖啡裡加入了牛奶代替奶茶飲用，這是世界第一次。（參考第8章問題05）

 ①或者② 尚未證明

早餐服務發源地有兩種説法，一是愛知縣一宮市，另一個是愛知縣豐橋市。但都沒有記錄。現存最早的記錄出現在1955年拍攝於廣島市「RUE 巴西」咖啡店門前照片上可以看到「提供早餐服務」幾個字。2007年10月26日，作為城市振興的一項活動，在一宮市舉辦了第一次早餐博覽會。

荷蘭咖啡別名又叫什麼？

①法蘭絨滴漏　②老咖啡　③水滴式咖啡　④奶油咖啡

專業咖啡師的拿手飲品（Signature drink）是哪一款？

①每日咖啡　②原創飲品　③單品咖啡　④原創咖啡拿鐵

**在西雅圖咖啡店中寫的「CONDIMENT BAR」
是什麼意思？**

①銷售酒類的地方　②窗邊外賣
③銷售咖啡豆的地方　④提供砂糖和牛奶的地方

 ③

別名又叫做水滴式咖啡（Water Drip）。是一款使用像虹吸壺放大版一樣的工具，從咖啡粉的上方，一點一點地注入冷水，經過數個小時萃取的咖啡。因為使用的是冷水，因此苦味極其淡，與此相應香味就被強調出來，多用來做冰咖啡。（參考第5章問題03）

當時荷蘭屬地印尼生產咖啡苦味特別重，不太適合荷蘭人的口感，為了減少苦味兒研究出來的萃取方法。

 ③

指的是咖啡師製作原創的咖啡飲品。不論是是冰咖啡還是熱咖啡，都是以義式濃縮為基底，像雞尾酒一樣混合、疊加或是組合的飲品。即便是在調製咖啡拿鐵或卡布奇諾等的時候，咖啡師也會加入自己的新想法，從而成為該咖啡師的署名飲品。

 ④

在自助咖啡店裡，像砂糖、牛奶、肉桂粉、吸管、攪拌棒等這些都是在專門在店內某個角落集中提供。有些店裡牛奶也會分成低脂牛奶和豆漿等供顧客選擇，再加上陳列方面的一些設計，調味吧也發揮了呈現咖啡店特色的作用。

DE CAFE是指什麼？

①Demitas coffee（小杯咖啡）　②Decanter coffee（放入醒酒瓶的咖啡）

③Dessert coffee（甜點咖啡的簡稱）

④Caffeine-less coffee（減少咖啡因含量的咖啡）

Old Beans指的是什麼？

①樹齡老的咖啡樹上的咖啡豆　②前一年收穫的咖啡豆

③放置了數年的咖啡生豆　④咖啡起源品種的咖啡豆

Hand Pick指的是什麼？

①手工採摘咖啡果實　②從生豆中挑揀出不合格的咖啡豆

③手工烘焙咖啡豆　④咖啡樹苗栽培

 ④

DE CAFE（Decoffeinated的略稱）是指從本來含有咖啡因的食品中去除咖啡因，或者通常要添加咖啡因的食物中，不再添加咖啡因，使得食物當中不再含有咖啡因。咖啡稱作「脫因咖啡」時，往往是通過某些特殊製作方法，只有去除咖啡因而保留了咖啡原本的香味、口感的咖啡。在美國，咖啡因曾被當作一種興奮劑或是藥物來看待，因此脫因咖啡至今在很多咖啡館中作為經典款提供給顧客。最近研究發現咖啡中的咖啡因含量微乎其微，且咖啡因本身是一種有效的藥物成分，因此人們對咖啡因的認識發生了改變。（參考第8章問題01）

 ③

把咖啡生豆在一定的條件下保存數年後，隨著生豆中的水分含量降低，生豆中的組織構造有可能會發生變化。當年收穫後精製的咖啡生豆稱作New crop（新作物），與之相對放置數年的生豆稱作Old beans（老豆）。長期保存的生豆，可能會比新鮮生豆在味道上更富有個性，但具體差異是從何而來的，以及怎麼樣的咖啡生豆適合長期保存等在科學上還沒有證實。比較著名的是位於東京銀座「CAFE DE L'AMBRE」的老闆關口一郎會給顧客提供自家烘焙的沉睡了10年、20年甚至更久的咖啡老豆。

 ②

指的是咖啡生豆在出貨前或烘焙前，去除異物（小石頭等）和蟲蛀豆等的過程。另外，在烘焙後，同樣也會進行去除能辨識出來的蟲蛀豆等（烘焙顏色不同）。即便是優質咖啡豆中，也會混入少量的異物和蟲蛀豆，這會對萃取後的咖啡風味造成極大的影響。因此雖然比較費事，但經過這道手工程式的咖啡豆，品質較高。（參考第2章問題04）

New crop指的是什麼？

①使用新制法的咖啡豆　②當年收穫的咖啡豆

③當年烘焙的咖啡豆　④新品種的咖啡豆

使用咖啡製作的著名點心，是以下哪種？

①酵母酒蛋糕　②聖多諾黑蛋糕　③國王格雷派餅（Galette des rois）

④歐培拉（英文為Opera，即為歌劇院蛋糕）

發源於西雅圖的複合型咖啡館是以下哪種？

①書店咖啡　②便利商店咖啡　③加油站咖啡　④出租錄影帶咖啡

②

咖啡生豆收穫後按照保存時間分為New crop（收穫後不足一年的咖啡豆。相當於大米的新米）、Current crop（接近下一次收穫時節的咖啡豆）、Past crop（前一年收穫的咖啡豆）以及Old crop（至少兩年前收穫的咖啡豆）這四種（參考第2章問題01）

④

「歐培拉」（歌劇院蛋糕）是來源於法國歌劇院坐席的點心。在摻入肉桂粉的基礎材料中打入咖啡糖漿，奶油、巧克力乳脂以及蛋糕分層交錯。名字的由來有各式各樣的說法，例如這種層層交錯的構造，很像歌劇院的坐席而取名「歌劇院蛋糕」，或是是蛋糕表面裝飾的金箔是在模仿歌劇院上的金色的雕像，還有一說是歌劇院附近的「DALLOYAU」這家店的老闆想出來的。另外，義大利的提拉米蘇，也是使用到咖啡粉的著名點心。

①

1993年星巴克開在西雅圖的大型書店「Barnes&Noble」中，成為第一家書店咖啡館。順便提一下，美國西雅圖人口約60萬，是美國書籍最暢銷的城市。人們會覺得邊讀書邊喝咖啡，這才是星巴克。這也成為西雅圖系咖啡發展的一大背景。

在美國西雅圖的咖啡館內發源的服務是以下哪種？

①免費Wifi ②早餐套餐 ③免費試喝 ④兒童免費飲料

位於西雅圖星巴克1號店前面的是什麼？

①醫院 ②公園 ③市場 ④圖書館

1981年（昭和56年）咖啡館名字最多的是以下哪個？

①Bonn ②Jun ③Mocha ④Pony

 ①

在咖啡店內能夠免費使用Wifi，最初出現於西雅圖一家叫做「ZOKA coffee」的店。因為有免費Wifi，學生們往往會一坐就是一天，有時不得不限定提供免費Wifi的時間和日期。現在在西雅圖市內看到地圖上有咖啡店的標識，常常會同時標明是否有可用的Wifi。

 ③

1971年開創的星巴克1號店前面是一個叫做「Pike Place Market」的魚市、花市前，該市場以大量新鮮打撈上來的鮭魚而出名。「星巴克」這個名字據說來源於小說《白鯨記》中某位航海家的名字，因此1號店就選在了與大海有深刻淵源的地方。

 ①

1981年，由月刊《喝茶&小吃》（旭屋出版期刊，為現在的月刊《CAFE & Restaurant》）編輯部以日本全國電話簿、全國飲茶飲食生活衛生同業組合名簿，以及日本國際貿易部商業統計調查為依據，對18萬3,478家咖啡店店名進行了調查，結果發現排行榜前十名分別是，「Bonn」有435家，「Pony」有429家，「Jun」有398家，「Mocha」有374家，「Friend」有348家，「Sun」有323家，「Cherry」有322家，「愛」有316家，「Angel」有316家，「田園」有309家。

「Bonn」在衣索比亞是稱呼咖啡的名字。另外，在法語當中是相當於「good」的一個詞。也是日本關西話中表示「好家庭當中的後代」的意思，易於記憶等，推測是這些原因使得這個名字得到廣泛使用。

日語「喫茶店」中的「喫」是什麼意思？

①香菸的意思　②日本茶的意思　③喝藥的意思　④茶冒出的煙

墨西哥情慾冰咖啡（Mexican passion）這一款咖啡中加入了以下哪種原料？

①龍舌蘭酒　②玉米粉　③萊姆酒　④仙人掌

愛爾蘭咖啡中加入了以下哪種原料？

①波旁酒　②伏特加　③蘇格蘭威士忌　④娟珊（Jersey）牛奶

 ③

不論是茶還是咖啡，最開始都是當作藥物來使用的。因此喝茶的「喝」使用了「喫」這個字。「喝藥」嚴格來說應該是「喫藥」。吸菸在日語當中稱作「喫煙」，同樣也是在過去被當作藥物，因此寫作「喫煙」，日語現在還保留了「喫煙」這種說法。

 ③

墨西哥情慾冰咖啡指的是在冰咖啡中加入萊姆酒，上面裝飾上打發的生奶油，再漂浮上一層同樣打發的蛋黃的一種咖啡。

 ③

玻璃杯中加入砂糖，注入萃取的濃咖啡。再慢慢倒入蘇格蘭威士忌，上面漂浮上生奶油。一面攪拌一面品味，曾在舊金山盛極一時，據說當時此款咖啡被叫做「舊金山咖啡」。

美國的Coffee Shop，與日本以下哪種最相近？

①全服務咖啡店 ②自助咖啡店 ③麵包咖啡店 ④家庭餐廳

真空咖啡壺（Vacuum Coffee Pot）是以下哪種物品的別名？

①法壓壺 ②愛樂壓 ③荷蘭咖啡 ③虹吸壺

加入白蘭地的皇家咖啡中，不可或缺的材料是以下哪種？

①做成玫瑰形狀的攪打奶油 ②方糖 ③砂糖 ④肉桂棒

 ④

在正餐之後能夠喝到咖啡的地方,在美國稱之為Coffee Shop。直到星巴克出現之前,美國一直沒有單純能喝到咖啡的咖啡館。上世紀七十年代美國Coffee Shop連鎖店急速普及,與此相應在日本出現的是「Royal host」、「Denny's」、「Skylark」等。Coffee Shop直譯的話是「咖啡店」,如此一來就無法表現以上這些店特點,於是日本出現了「家庭餐廳(Family restaurant)」這一個新詞。

 ④

虹吸壺的工作原理是:加熱下方燒瓶裡中的水使之沸騰,推至上方的壺中,在上壺中咖啡粉與熱水回合。拿掉火源後,下方的燒瓶幾乎是真空狀態,由於氣壓差而使得上方的浸出液重新被吸回下方燒瓶,這時會經過中間的過濾器,最終萃取出咖啡液。因為虹吸壺利用了真空狀態因此也叫「真空咖啡壺」。而「HARIO」作為虹吸壺的名稱在日本比較普及,最近也在世界上開始普及。

 ②

在方糖上澆上白蘭地,點火燃燒,當方糖融化的時候加入咖啡中,這就是皇家咖啡。(最近已很少見到方糖)(參考第8章問題06)
把攪打奶油做成玫瑰形狀漂浮在咖啡上的是叫做「浪漫巴黎」的一款咖啡。而肉桂棒則是昭和60年(1985年)左右之前的咖啡店裡做卡布奇諾時放在咖啡裡的。

星巴克咖啡在推廣品牌應用的「第三場所（3rd Place）」
是哪國學者提出的概念？

①英國　②美國　③法國　④德國

用咖啡豆外側紅色的果皮和果實部分做成的飲料叫什麼？

①Coffee cherries　②Coffee squash　③Coffee berry　④Coffee sour

Q 29

不經過烘焙而是直接萃取生豆中成分所做成咖啡
叫做什麼？

①白咖啡　②黃咖啡　③黑咖啡　④綠咖啡

Q 30

對減肥有效的咖啡成分是以下哪種？

①咖啡因　②綠原酸　③葫蘆巴鹼　④尼古丁酸

 ②

美國社會學家雷·奧爾登堡在其著書《The Great Good Place》中提到：現代社會各界需要一個與自己家、職場區隔開的能夠身心放鬆的第三場所。另外，歷史上也有咖啡館作為城市建設和振興重要的場所，在規劃時使用「第三場所」這一概念的案例。（參考第9章問題06）

 ③

被稱作「Coffee berry（咖啡果）」的咖啡豆外側部分，雖說在烘焙咖啡豆時會被丟棄，但本身是含有大量維生素、多酚，具有很強抗氧化能力的「超級水果」，在夏威夷人們把它當作能量飲料飲用。另外，據說其抗氧化能力是藍莓的40倍，是巴西梅的15倍。

 ④

添加咖啡生豆精華的咖啡叫做「綠咖啡」。具有抗氧化作用、有益健康的多酚物質綠原酸在加熱時容易受到破壞，因此有報告指出淺度烘焙能夠有效攝取綠原酸，甚至直接以生豆這種方式飲用更有效。除了在某些對綠原酸有講究的咖啡店裡可以喝到，市面上也有售。

 ①

咖啡中含有能夠刺激興奮自主神經的咖啡因。
自主神經當中，有發揮控制體重和脂肪量作用的交感神經，在試驗中已經證明咖啡因可以通過防止交感神經活性降低，來實現燃燒脂肪的效果。

本書編者介紹

（全國大學聯盟咖啡學特別公開講座講師）

廣瀨幸雄 （ひろせゆきお）

金澤大學名譽教授・日本咖啡文化學會副會長・工程學博士

從金澤大學（理學部、大學教授）退休後，受該大學邀請成為特聘教授（直至平成26年／西元2014年）、名譽教授。專業為破壞性物理學。現在為金澤大學名譽教授，中谷宇吉郎雪之科學館館長（位於日本加賀市）（平成26年起）。

日本咖啡文化學會副會長（平成16年起／西元2004年）。被授予搞笑諾貝爾獎、日本文部科學大臣獎。

著有《原來是這樣的咖啡學》、《想知道更多的咖啡學》（以上為旭屋出版）、《咖啡學入門》（人類科學社）等多部著作。

後藤裕 （ごとうひろし）

日本文部科學省 基礎研究振興分析員・工程學博士

進入文部科學省後，歷任金澤大學助理教授、東京大學特聘教授，現在為文部科學省分析員，日本咖啡文化學會董事。

著有《咖啡學能力考試（上級）金澤大學編制》等多部著作。

井上久尚 （いのうえひさなお）

旭屋出版股份制有限責任公司編輯部部長。

原任月刊《喝茶&小吃》（現在的月刊《CAFE & Restaurant》）主編。

金澤大學講師，日本咖啡文化學會會員。

讓我們通過咖啡學享受
更好的咖啡吧 ～作為後記

「咖啡學」的授課從1997年金澤大學的授課開始算起，已經經過18個年頭了。在這期間，僅僅算能被作為教材利用的主要著作也已出版了多本，包括《咖啡學講義》（人類科學社刊2007年）、《原來是這樣的咖啡學》（旭屋出版社2005年）、《咖啡學入門》（人類科學社刊2007年）、《想知道更多的咖啡學》（旭屋出版社2007年）、《咖啡學檢定（上級）金澤大學編》（旭屋出版社2013年）等。

我們立足於金澤大學的課堂和全國大學聯特別公開講座等，課堂上的講義或質疑的內容，致力於透過從各地大學，短期大學，高校或中學的課堂汲取知識，編寫出可以將咖啡作為一門嚴謹的學問研究的教材。

另一方面，咖啡已經完全成了我們生活中的一部分。不僅滿足於沖泡品嘗一口美味的咖啡，想要進一步瞭解咖啡和歷史、潮流、品質及健康等有著何種關係的人是如此之多，這一點也讓我們感到震驚。

因此，為了編寫一本不僅是專注於咖啡的人，就算是初識咖啡相關知識的人也能輕鬆地拿起來好好看的「咖啡學的入門書」，我們建立了編寫本書的計畫。

在重新審視有關咖啡的遍及廣闊領域的內容時，日本咖啡文化學會常任理事兼出版編集委員長的星田宏司先生，和作為分科會的咖啡科學委員長的岡希太郎先生（藥學博士），以各自的專攻領域為中心為我們提供建議，給予我們極大的幫助。咖啡相關的公司的各位也為我們提供了產地和咖啡豆的圖片。另外，也要向時時為我們提供幫助的金澤大學的田知本真彌先生表示我們衷心的感謝。在這裡雖然不能一一舉名，但是正是得到各位的幫助和想法，本書才得以編成。這麼一本能夠讓大家輕鬆地享受咖啡學、獨一無二的書籍最終得以完成。

希望通過本書，你能成為下一個傳播咖啡魅力的人。

編者全體

TITLE

史上最精華咖啡學

STAFF

ORIGINAL JAPANESE EDITION STAFF

出版	瑞昇文化事業股份有限公司	写真協力	株式会社セラードコーヒー
編著	全國大學聯合咖啡學特別公開講座		日本珈琲貿易株式会社

總編輯	郭湘齡	編　者	全国大学連合コーヒー学特別公開講座編
責任編輯	蔣詩綺	編　集	井上久尚
文字編輯	黃美玉、徐承義	デザイン	冨川幸雄（スタジオフリーウエイ）
美術編輯	陳靜治		
排版	靜思個人工作室		
製版	明宏彩色照相製版股份有限公司		
印刷	桂林彩色印刷股份有限公司		
	絃億彩色印刷有限公司		

法律顧問	經兆國際法律事務所　黃沛聲律師

戶名	瑞昇文化事業股份有限公司
劃撥帳號	19598343
地址	新北市中和區景平路464巷2弄1-4號
電話	(02)2945-3191
傳真	(02)2945-3190
網址	www.rising-books.com.tw
Mail	deepblue@rising-books.com.tw

初版日期	2017年9月
定價	450元

國家圖書館出版品預行編目資料

史上最精華咖啡學 / 全國大學聯合咖啡
學特別公開講座編著. -- 初版.
-- 新北市 : 瑞昇文化, 2017.09
248面 ; 18.2x25.7公分
ISBN 978-986-401-188-9(平裝)

1.咖啡

427.42　　　　　　　　　106012123